星海求知

天文学的奥秘

苏宜◎编著

人民邮电出版社

北京

图书在版编目（CIP）数据

星海求知：天文学的奥秘 / 苏宜编著. -- 北京：
人民邮电出版社，2023.9（2024.6重印）
ISBN 978-7-115-60194-0

Ⅰ. ①星… Ⅱ. ①苏… Ⅲ. ①天文学—普及读物
Ⅳ. ①P1-49

中国版本图书馆CIP数据核字(2022)第186394号

内 容 提 要

　　天文看似遥不可及，其实和我们息息相关。探索宇宙是人类永恒的欲望，学习天文学知识是攀登科学高峰的重要阶梯。让我们和南开大学的苏宜教授一起，开启一场奇妙的宇宙之旅。在本书中，我们将探索宇宙中的各类天体，了解地球、月球、太阳系、银河系、黑洞、星团、星云、星系等一系列天文研究对象的科普知识。本书包含了大量的照片和拓展的天文小知识，最后还会介绍暗物质和暗能量。让我们在苏宜教授的指引下，一起用科学的眼光探究关于日月星辰的奥秘，化解埋藏心底已久的关于宇宙时空的种种困惑。

　◆ 编　　著　苏　宜
　　责任编辑　赵　轩
　　责任印制　陈　犇

　◆ 人民邮电出版社出版发行　　北京市丰台区成寿寺路 11 号
　　邮编 100164　电子邮件 315@ptpress.com.cn
　　网址 https://www.ptpress.com.cn
　　固安县铭成印刷有限公司印刷

　◆ 开本：787×1092　1/16
　　印张：17.25　　　　　　　　2023 年 9 月第 1 版
　　字数：383 千字　　　　　　　2024 年 6 月河北第 4 次印刷

定价：99.90 元
读者服务热线：(010)81055410　　印装质量热线：(010)81055316
反盗版热线：(010)81055315
广告经营许可证：京东市监广登字 20170147 号

序

逐梦星辰大海

20 多年前，在我开始从事天文科普工作之时，就听闻苏宜教授在南开大学和天津大学坚持多年开设天文选修课的事迹。后来我有幸多次与苏宜教授一同参加会议，每次聆听苏宜教授的会议报告和发言时，都被他对天文科普教育的满腔热情和认真态度所感染。给我印象特别深刻的是，本世纪（21 世纪）初北京天文馆刚刚开展全国中学生天文奥林匹克竞赛活动的组织工作时，我发现全国各地学习天文的孩子们几乎每个人都有一本苏宜教授著的《天文学新概论》。这本书从 2000 年至今，已出至第五版，印刷了 25 次。这本书已成为多年来很多孩子进入天文学殿堂的阶梯。斗转星移，时光如梭，这么多年过去，一定有很多青少年朋友在苏宜教授的指导和影响下，喜欢上了天文，甚至投身天文科学事业。

人类文明肇始，头顶的日月星辰便始终吸引着人们的目光，通过观察天象，古人能确定自身所处的空间方位，标定每件事发生的时间顺序。探究天地运行的规律，以期顺应自然，求得生存和发展，成为每一个古老文明在发展初期不可或缺的"刚需"。可见，天文学的起源非常早。

时至今日，人类社会已经进入科技昌明的时代，但天文学仍然引领着科学的发展。回顾本世纪（21 世纪）历年来的诺贝尔物理学奖，天文学独占三分之一，便不难得出这个结论：历史上，天文学取得的每一次重大突破，不但是对科学的贡献和促进，也都深深影响着人们的宇宙观，成为社会进步的驱动力。人们，特别是青少年朋友学习天文，无疑能够开阔视野，提高科学素养，树立正确的世界观和人生观。

苏宜教授 1958 年毕业于南京大学天文系，今年已经 84 岁了。他新推出的这本《星海求知——天文学的奥秘》，将以更加通俗和图文并茂的形式，带领大家进行一场现代天文学的探寻之旅。书中内容是他多年来天文课程教学经验的积累、集约和升华，重在梳理天文学的基础知识以及学科的发展脉络，尽量避开物理方面的困难，只引用了极少量的数学公式，对于社会各界爱好天文的人士，具有很好的可读性。在苏宜教授的这本新书里，我们还可以读到许多最新、最前沿的天文知识，例如：世界最大的单口径射电望远镜中国天眼 FAST 正在窥视宇宙深空；中国的嫦娥、玉兔探测器已经登临月球背面；国际合作的事件视界望远镜 EHT 拍摄到银河系内外巨型黑洞的真容；美国新一代韦布空间望远镜

JWST 传回最清晰的宇宙图景等等。

德国哲学家黑格尔曾经说过："一个民族，要有一些关注天空的人，才有希望。"亲爱的青少年朋友和更广大的各界读者朋友们，浩瀚宇宙、星辰大海，在等待着我们去探索，去发现。

北京天文馆　齐锐

2022 年夏至

目录

01 | 第 1 章
人类天生就是"追星族"

在晴朗的夜空中，远离喧嚣的城市，摆脱灯光的干扰，璀璨的群星就会更清晰地呈现在你眼前。茫茫星海是人类在漫漫长夜中与生俱来的伴侣，也是人类获取知识的永恒源泉。

这是在我国青海冷湖拍摄的星空，这里正在建设国际一流的天文观测基地，2023 年 9 月 17 日，在这里建成的口径 2.5 米的墨子巡天望远镜公布了其首光获取的仙女星系照片。

德国哲学家康德在 1788 年发表了重要著作《实践理性批判》，里面有一段名言："有两样东西，人们越是经常持久地对之凝神思考，它们就越是使内心充满常新而日增的惊奇和敬畏：我头上的星空和我心中的道德律。"（引自《实践理性批判》，邓晓芒译）这说明人类天生就是"追星族"。

在远古时代，人类仰观日月星辰的运行，天长日久，获得了指导农耕或者游牧的重要启示，渐渐发展出一门研究天体运动、探索宇宙奥秘的科学——天文学。

1.1 古人观天

1914 年，梁启超先生到清华大学做了一次题为《君子》的演讲。梁启超先生引用了《周易》里面的"天行健，君子以自强不息；地势坤，君子以厚德载物"。这句话我们可以理解为：日月星辰，出没天庭，健行有序，君子因明天理而奋发图强，永不停息；厚重大地，容载万物，坦荡胸怀，君子应察地势而积累道德，承担事业。此后，清华大学以"自强不息，厚德载物"为校训直至今日。

明朝末年，著名思想家顾炎武曾经在其著作里提到"三代以上，人人皆知天文"。这里的三代是指夏、商、周 3 个朝代，"三代以上"应当是指距今约 5000 年的远古时代。

1987 年考古学家在河南濮阳有一个重大考古发现——埋在古黄河岸边的一个古代墓葬，墓主人的骨骼相当完整。在墓主人骨骼的两侧，分别有用河里的蚌壳摆成的一条龙和一只虎的图案，大小与人相近。在墓主人脚的那一头还有一个图案，是用一堆蚌壳配上两块人的大腿骨构成的北斗星。

6400 年前的古墓葬

根据考古学家和历史学家的考证，这个古代墓葬里用蚌壳摆成的龙、虎和北斗星的图案，表现了当时古人对天上星辰的一种崇拜。青龙、白虎、朱雀、玄武是历朝历代的人根据天上的星辰，用5种动物形象（玄武为龟和蛇组合而成的形象）抽象而来的。经过考古学家用现代方法检测，这个古代墓葬距今约6460年，年代比我国目前发现的最古老的文字，也就是比殷商时期出现的甲骨文还要早3000多年。这一重要的考古遗存现已从原址迁移到北京天安门广场东侧的国家博物馆古代中国陈列厅。

甲骨文

天文知识小卡片

甲骨文是殷商时期的古人刻在兽骨（主要是牛的肩胛骨）或龟甲上的文字，它是1899年由晚清官员王懿荣在一块来自河南安阳的甲骨上被首次发现的，出土地又称殷墟。

1978—1985年，考古学家在山西襄汾县陶寺村发掘出一处远古时期的重要文化遗址，经考证，就是传说中的尧都遗址，所处的时期是距今约4500年到3900年的远古时期。在尧都陶寺遗址出土了大量文物，其中有古人用来测量日影长短的天文仪器——圭尺，它是古人根据日影的长短来确定季节的一种天文仪器。这说明在大约4000年前，我国古代先民就已经掌握了科学的天文观测方法。考古学家根据这些发现复原了古人观测太阳、确定季节的观象台模型。

陶寺遗址观象台复原模型

◯ 1.2 斗转星移

古人通过长期观察星空总结出了一套规律，发现了斗转星移。实际上斗转星移是星空中的两种运动的综合表现，用现代天文学的语言来说就是周日运动和周年运动的综合表现。

我们需要明确方向的概念。比如说左面这张图片中的人，如果他面向南方，那么他的左手边一定是东方，右手边一定是西方。东、南、西、北按照顺时针的方向排列。这在地球上的任何地方都是一样的，只有两个特殊点例外，那就是北极点和南极点。当人在北极点时，四面八方都是南方；当人们在南极点时，四面八方都是北方。

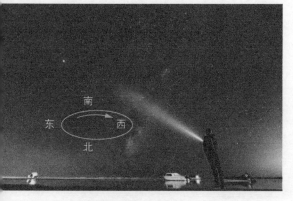

当人面向南方时的方向图

俗话说"光阴似箭，日月如梭"。光指昼，阴指夜，光阴就是指以昼夜循环为标志的不断流逝的时间。昼夜循环的原因是地球自转。日月星辰都因地球自转而作着东升西落的周日运动。

周日运动

在星空周日运动示意图中，北斗七星绕着北极星旋转，一天转一圈，而且天上其他的恒星也都做着同样的运动，这个现象被称为"众星拱北"。

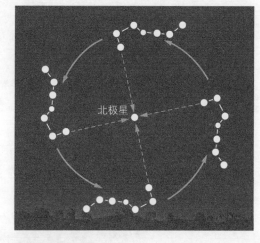

星空周日运动示意图

指向北极星
地球北极
地球赤道
地球南极

地球自转轴示意图

"北"指北辰，即北极星，也就是说众星都围绕着北极星旋转。但是为什么别的星都绕北极星旋转，而北极星自身不动呢？这是因为地球在自转的时候，自转轴（就是通过地球表面南、北极点间的轴线）是不动的，它指向天空中的北极星，所以北极星看起来也就不动了。人们在地球上不觉得地球在动，却能看到星空在旋转，一天转一圈，这就是周日运动。

冬季大三角

右侧这张图片展示的是人们在冬季晴夜，面向南方所看到的星空中有名的"冬季大三角"。它是由猎户座中的参宿四、小犬座中的南河三和大犬座中的天狼星 3 颗特别亮的星组成的一个大的近似等边三角形。参宿（shēn xiù）是二十八宿（我国古代沿黄道分布的 28 个恒星区域，类似西方的星座）之一。与参宿对应的西方星座名称是猎户座。

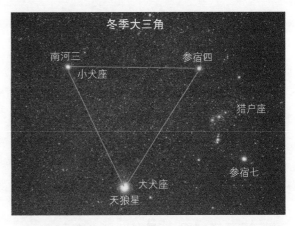

冬季大三角示意图

猎户座中间有 3 颗星连在一起，叫作参宿三星，它们看起来像是猎人腰带上的 3 颗宝石。"宝石"左上方有一颗红色亮星，我国古称参宿四；右下方有一颗蓝色亮星，我国古称参宿七。猎人腰带的左下方还有一把"短剑"，它由几颗暗一点的星组成，实际上其中一颗并不是星星，而是有名的猎户星云。在冬季晴朗的夜晚，仰望星空，很容易找到这些亮星。

长时间地观察，你会发现南方星空中的这些恒星也在缓慢地自东向西集体运动，24 小时转一圈，即周日运动。

周日运动的方向

判断周日运动的方向有一种简单而可靠的方法——左螺旋系统。请大家伸出自己的左手，握拳并竖起拇指，把拇指指向天上的北极星，另外 4 根手指所指的方向就是星空周日运动的方向。不管是看南方的星空还是看北方的星空，这种方法都是适用的。而且在地球上任何地点，也都是适用的。因为星空的周日运动是地球自转的反映，而地球自转的方向与周日运动的方向相反，可以用右螺旋系统来表示。右螺旋系统是伸出右手握拳并竖起拇指，拇指所指的方向是北天极（地球自转轴沿着北极向外延伸与天空的交会处，北极星是最靠近北天极的一颗亮星）的方向，而另外 4 根手指所指的方向就是地球自转的真实方向。当然，在南半球的人看不见北极星，而南天极附近没有可见的亮星，只能估计南天极的位置。在南半球，用左手拇指背向南天极，仍然可以使用左螺旋系统的方法判断星空周日运动的方向。

◯ 1.3 寒来暑往

周年运动

在黄昏初见，天上星辰刚刚出现的时候，观察北斗七星斗柄的指向可以发现，不同的季节它的指向是不同的。《汉书·艺文志》有著录的战国时代的古书《鹖冠子》中记载："斗柄东指，天下皆春；斗柄南指，天下皆夏；斗柄西指，天下皆秋；斗柄北指，天下皆冬。"由此可见，至少早在战国时代，我们的祖先就已知道用北斗七星斗柄的指向来确定一年四季了。这是古人长时期观察北斗七星的结果，也就是星空周年运动的表现。

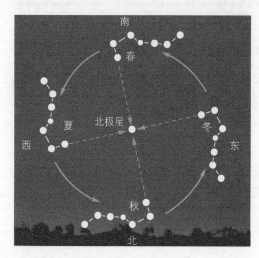

不同季节初昏时北斗七星位于不同位置

周年运动是由地球绕太阳公转引起的。如果我们长时间观察星空，就可以发现周年运动的规律，它主要表现为每一颗恒星从地平线升起的时间每天都要提早一点点，一个月提早约两小时，一年后重回原点。在一年四季的固定时刻看到的星座是不同的。以北半球的南方星空为例，冬季出现的标志性星座是猎户座，在我国叫作参宿。盛夏出现的标志性星座，西方叫作天蝎座，房宿、心宿、尾宿都在天蝎座。天蝎座的名字出自古巴比伦，后传到古希腊、古罗马，并沿用至今。

牛郎星、织女星

到了夏秋之交，星空又有所变化，我们特别熟悉的牛郎星、织女星所在的星座成为星空中的主角。牛郎星所在的星座叫作天鹰座，织女星所在的星座叫作天琴座。这两颗亮星分处银河两岸，光彩熠熠，分外引人注目。牛郎、织女是我国民间广为流传的神话故事中的两位主人公："迢迢牵牛星，皎皎河汉女……盈盈一水间，脉脉不得语。"（出自东汉《古诗十九首》）牛郎星又称河鼓二，在它的两边各有一颗稍微暗一点的星，它们排成一条线，古人称其为河鼓三星。在民间传说中那是牛郎挑着一副担子，一儿一女分处担子两边，3人共同遥望着银河对岸孩儿们的母亲——孤零零的织女。唐朝诗人杜牧曾经写过一首诗："银烛秋光冷画屏，轻罗小扇扑流萤。天阶夜色凉如水，卧看牵牛织女星。"为什么诗里要写"卧看"？这是因为在夏秋之交，人们在夜晚乘凉的时候，抬头看天上的牛郎星、织女星，它们就在头顶上方，如果站着看或者坐着看，

天蝎座示意图

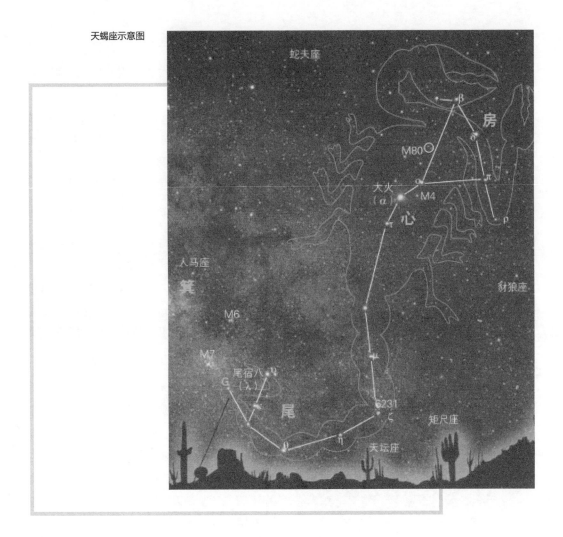

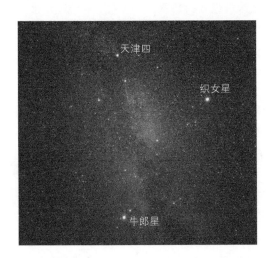

夏秋之交的中天星空

要把头仰得很高，一会儿脖子就受不了了，所以要"卧看"。与牛郎星、织女星几乎同样明亮的还有一颗星，那就是天津四，它位于天鹅座。牛郎星、织女星与天津四组成一个大大的近似直角三角形，称为夏季或夏秋季大三角，织女星位于直角的顶端。天鹅座在西方也叫北十字星座，像一只展翅翱翔于银河上空的天鹅，天津四是其尾羽上的一颗亮星。我国《晋书·天文志》有"天津九星横河中"的记载，9颗星组成银河中的一条渡船，其中最亮的那颗就是天津四。

《诗经》和唐诗里的星象

"七月流火,九月授衣"(出自《诗经·国风·豳风·七月》)中的"火",指的就是天蝎座中那颗又大又红的亮星,古人称之为心宿二。心宿二两侧有两颗稍微暗一点的星,它们与心宿二组成心宿三星,在盛夏的时候出现在南方的星空。这颗星在商朝的时候又叫作大火星,也叫商星。在商朝时期人们观察这颗星所处的位置,黄昏时大火星的高度一天比一天高,可是到了某一个季节的某一天以后,它的高度开始一天比一天低,这个现象叫作"流"。古人看到大火星的这个现象,就称之为"流火",意味着农历的七月即将过去,再过两个月就是农历九月,要开始准备过冬的衣服。这就是"七月流火,九月授衣"的天文含义。

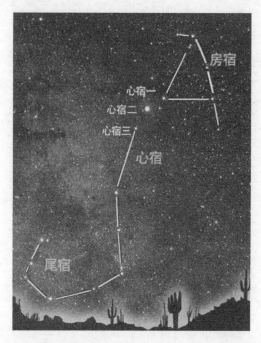

心宿三星示意图

猎户座中的参宿三星在《诗经》里也被提到过。《诗经·国风·唐风·绸缪》中提到:"绸缪束薪,三星在天。今夕何夕,见此良人?"这里的"三星"就是指猎人腰带上的3颗宝石,我国古人称其为参宿三星。

参宿三星位于天赤道上,在北半球冬季中纬度地区,黄昏东升,黎明西落,整夜可见,又很容易识别。商周时期,漫漫的冬季长夜,人们根据这3颗星在天上的位置来判断时间,这就是《诗经·国风·唐风·绸缪》描述的"三星在天"所指的意思。新婚夫妇在新婚之夜看到参宿三星在高高的天上,互相倾诉彼此的情感:今天我们在一起,希望将来永远在一起。

杜甫《赠卫八处士》开头的几句是:"人生不相见,动如参与商。今夕复何夕,共此灯烛光。"诗句中的"参与商"指的是天上的两处星辰:参宿和商星(心宿二)。因为杜甫当时处于安史之乱的年代,朋友或家人为躲避战祸东躲西藏,难得聚在一起,就像天上的参宿和商星,一个在冬季出现,一个在夏季出现,不会同时在天上出现。杜甫借此比喻朋友之间难得相见。诗的最后两句"明日隔山岳,世事两茫茫"也表达了同样的意思。

地球公转造成四季更替

地球公转还造成地球上大部分地区春夏秋冬周而复始的季节变化。地球到太阳的距离大约是 1.5 亿千米,地球在固定的椭圆轨道上围绕太阳公转,周期是一个回归年。同时,地球绕着自转轴自转，周期是一天。自转轴并不与公转轨道平面垂直，而是倾斜的，倾斜的角度约是 23.5 度。在公转的过程中，自转轴倾斜的角度是不变的，且自转轴一直指向北极星。地球绕太阳公转加上地球自转轴的倾斜，这两个因素共同造成了一年四季的寒暑变化。

地球自转轴倾斜的角度也叫黄赤交角。黄指地球绕太阳公转的轨道平面，叫作黄道面；赤指的是通过地球球心垂直于地球自转轴的一个平面——赤道面。赤道面与地球表面相交的大圆圈就是地球上的赤道。赤道面与黄道面的夹角就是黄赤交角。黄赤交角的大概值为 23.5 度，地理学中的南北回归线纬度值，即南纬 23.5 度和北纬 23.5 度即来源于此。

地球公转时自转轴倾角不变，如下图所示：地球的位置在图的右侧时，地球北极倾向于太阳，太阳正对的地球位置是北回归线，这个时候北半球获得的太阳能量多于南半球，使得北半球过夏天，南半球过冬天；半年之后，地球公转到了图左侧，地球自转轴倾斜方向不变，地球北极偏离了太阳，而地球南极倾向太阳。这个时候太阳直射地球南回归线，北半球获得的太阳能量就少于南半球，北半球成为冬季，南半球成为夏季。而春、秋这两个季节，太阳光直射的区域刚好是地球的赤道区域，这个时候南、北半球温度基本上是均衡的。由于地球在轨道上不停地公转，所以一年就有了春夏秋冬的变化。

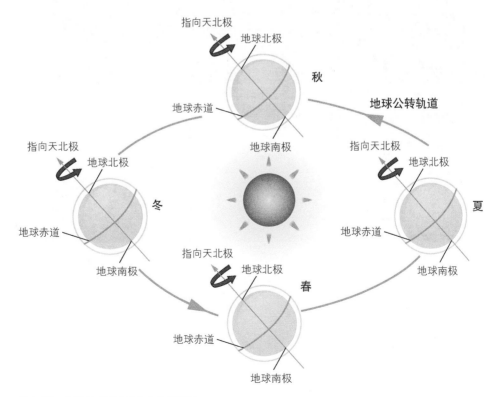

地球公转示意图（标注的季节为北半球季节）

天文知识小卡片

　　如果在野外迷失方向，那可以先找到北极星，它的正前方一定是正北方向，因此可以很快地按顺时针方向定位东、南、西、北4个方向。找到北极星以后，还可以估计北极星相对于地平线的高度角，这个角度刚好就是所在地的地理纬度，这是北半球通用的规则。南半球的人看不到北极星，而且南天极附近没有相应的南极星，所以南半球的人要判断方向和估计所在地的纬度要比北半球的人困难。不过，南天极虽然没有南极星，却有两个非常漂亮的天体——大麦哲伦云和小麦哲伦云（通常被称为大麦云和小麦云）。南半球居民能够用肉眼看到这两个漂亮的天体，实际上它们不是星云，而是河外星系，也是地球人唯一能用肉眼直接看到的河外星系。当年麦哲伦的船队航行到南美洲南端时看到了它们，才把这一发现带回欧洲。

南半球夜空中的大麦云、小麦云和全天第二亮星老人星，地面景致是位于南美洲智利北部的欧洲南方天文台

02 | 第 2 章
地球公转的秘密

太阳在星空背景中以年为周期做周期性运动，这种运动并不是真实的太阳运动，而是因为地球公转，人们站在地球上不觉得地球在动，反而以为是太阳在星空背景中运动，所以叫作视运动。太阳周年视运动是地球公转的反映。

● 2.1 太阳周年视运动

　　地球绕太阳公转的实际轨道是椭圆形的，但椭圆的扁平程度很小（长径与短径只有1.5/10000 的差别），可以近似地将其看作一个圆。太阳在椭圆的一个焦点上，可以近似地认为它位于圆心。地球在距离太阳约 1.5 亿千米的轨道上一年转一圈，这是地球公转的真实运动。地球公转轨道投影在地球人眼中的天空中是一个大圆圈，称为黄道，它在星空背景中是固定不变的。不管地球在轨道上转到什么位置，总是向着太阳那一边的居民过白天，背着太阳那一边的居民过黑夜。由于地球自转的周期是一天，所以昼夜在约 24 小时之内交替。同时地球绕太阳公转的周期是一年，约 365 天，转一圈是 360 度，因此一天走 1 度左右。公转运动相对自转运动来说要慢得多，当然这是就转动角速度而言的。对于实际的运动线速度，地球公转是自转的 64 倍。

　　地球在轨道上运动，有 4 个特殊时刻：春分、夏至、秋分、冬至。它们也是我国农历中 4 个重要的节气。下面 4 幅表示的是在这 4 个特殊时刻，地球的轨道位置和太阳在星空背景中所处的位置。春分（每年公历的 3 月 21 日前后）时，太阳光直射赤道，南北半球获得等量的光和热。从地球上看，太阳在黄道上的双鱼座中的春分点。实际上，人们不可能

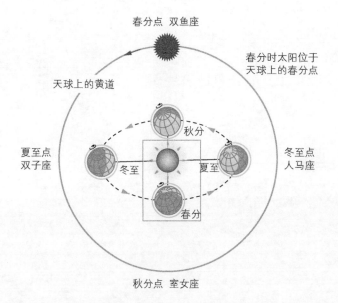

春分点　双鱼座

春分时太阳位于
天球上的春分点

天球上的黄道

夏至点
双子座

冬至　夏至

秋分

春分

冬至点
人马座

秋分点　室女座

春分时地球和太阳的位置

在白天看到双鱼座，因为由大气分子散射的阳光把星光都遮掩了。只有一种特殊情况，那就是发生了日全食，月球把太阳圆面挡住，天空变黑，这时就可以看到太阳旁边的星了。但由于日全食较为罕见，所以我们平常总是看不到太阳旁边的星。等到子夜，地球的轨道位置基本没变，但地球自转了半圈，人们在天空同样位置处看到的是秋分点所在的室女座。

夏至时，也就是每年公历 6 月 22 日前后，太阳直射北回归线，北半球获得的光和热多于南半球，从地球上看，太阳位于黄道上的双子座中的夏至点，而半夜看到同样位置处变成了人马座。秋分时，也就是每年公历 9 月 23 日前

春分点　双鱼座

夏至时太阳位于
天球上的夏至点

天球上的黄道

夏至点
双子座

冬至　夏至

秋分

春分

冬至点
人马座

秋分点　室女座

夏至时地球和太阳的位置

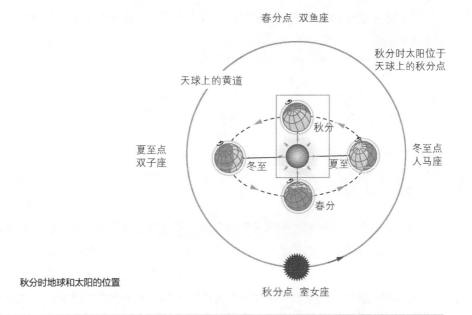

秋分时地球和太阳的位置

后，地球转到了图中正上方的位置，地球上看到的太阳位于黄道上的室女座中的秋分点，半夜里看到同样位置处变成了双鱼座。到了冬至，也就是公历 12 月 22 日前后，地球上看到的太阳位于黄道上的人马座中的冬至点，半夜同样位置处看到的是双子座。再过 3 个月又回到春分，地球完成公转一圈。太阳也在星空背景中沿黄道上的双鱼座—双子座—室女座—人马座，又回到双鱼座，转了一圈。这就是太阳的周年视运动，星空的周年变化也是因为这种运动产生的。太阳相对于远方的恒星实际上没有这种运动，而在地球上的人看来存在这种运动，所以叫作"视运动"。

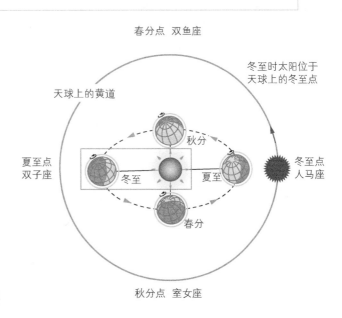

冬至时地球和太阳的位置

人们通常看不到太阳旁边的星空，那么古人是怎样总结出太阳一年中在星空背景中的运动情况的？

不论是在古代中国还是其他古文明，古人经过长期观察，总结出太阳视运动遵循这样的规律：白天太阳旁边的星应该是半年前半夜间看到的正南方向黄道上的星。连续地在夜晚观星，就知道了一年当中任何时候太阳应该在什么位置，从而得出了太阳周年视运动的结论。

太阳周年视运动的方向

地球公转的真实运动方向是右螺旋系统（右手放在太阳处，拇指指向黄道北极，另 4 指就是地球在黄道上公转的方向）。太阳周年视运动的方向也是右螺旋系统，它与地球公转运动的方向是一致的。前面说过，星空周日运动的方向是左螺旋系统，与太阳周年视运动的方向相反。在北半球中纬度地区看南方的星空，星星们东升西落，从左向右运动；而太阳在星空背景中从右向左运动。太阳既参加周日运动，也参加周年运动，且进（周日运动）且退（周年运动），退比进要慢得多：退，一年才一圈；而进，一天就一圈。

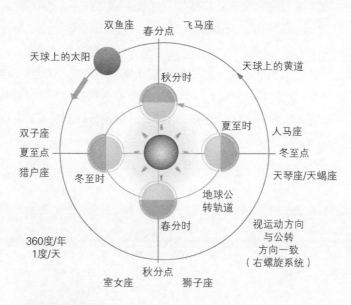

太阳周年视运动示意图

◯ 2.2　星座的由来

现代所流行的星座的说法最早可以追溯到古巴比伦时期，人类通过几千年不断提升认识，才有了现代科学的星座划分。

黄道十二宫

大约在公元前 13 世纪，古巴比伦人就根据太阳在星空背景中周年视运动的规律，给出了黄道十二宫的星座划分。

所谓黄道十二宫，是古人认识到太阳在星空背景中沿着黄道一年转一圈，将黄道两侧许许多多的恒星划分成的 12 个星座，太阳每月待在其中一个星座里，这些星座好像太阳的十二座行宫。黄道十二宫由当时的神话故事人物或者动物的名字来命名，如双鱼座、金牛座、天蝎座等。这是人类对星空最早的星座划分。

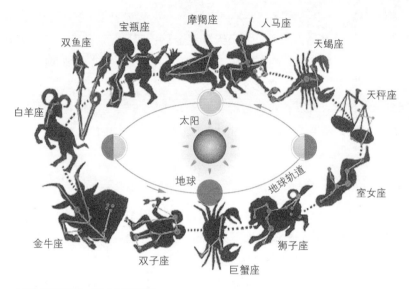

古巴比伦的黄道十二宫（太阳周期）

古希腊、古罗马时期，人们又在黄道外的更大区域划分出好几十个别的星座。到了 17 世纪，欧洲人通过远洋航海，到达了南半球，又看到南半球的星空中有很多在北半球看不到的恒星，因此又把这些南天上的星空区域划分成许多的星座，这些星座的名称除了来自神话故事里的人物或者某种动物之外，还有一些与航海有关，如罗盘座、望远镜座、六分仪座等。

星座是地球上的人看到的夜空中由众多恒星组成的各种图案。这些恒星距离我们非常遥远，它们之间虽有一些相互运动，但在相对不算太长的时间里，比如几千年之内，人们看不出那些图案有什么变化，所以古罗马人和现代人看到的星空几乎是一模一样的。这些星的英文称作 star，在我国称作恒星。当然，人类也早已发现，有几颗亮星属于异类，它们的位置总在其他星之间移动变化，在我国称作行星（英文称作 planet，为"漫游者"的意思）。在望远镜发明之前，人们早已知道金星、木星、水星、火星、土星这 5 颗行星，后来又发现了天王星、海王星，再加上地球，这就是太阳系八大行星。1930 年发现了"第九大行星"冥王星，但 2006 年国际天文学联合会又把它"开除"了，因为它的一些基本物理参数，不属于行星的范畴。

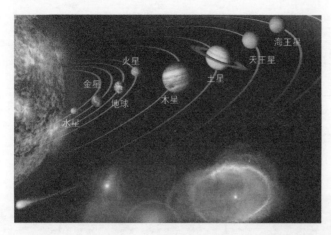

八大行星示意图

除了这几颗行星，其他肉眼所见的满天繁星全都是恒星。这些恒星距地球有远有近，明暗、大小差别巨大，相互之间的距离有几百、几千或几万光年（光年是距离的单位，即以光速走 1 年的路程，约等于 9.46×10^{15} 米），只是由于投影的关系，才被人们凭想象凑在一起组成某种图案，并获得各种名称（星座）。同一星座里的恒星，其实并不真的聚在一起，前后距离也许差得很远很远。因此，星座并不是宇宙中的实体。

现代科学的星座划分

古人所定的星座只由肉眼可见的亮星组成，没有明确的边界。望远镜被发明出来以后，天文学家可以看到许许多多肉眼看不见的星，这些星如果处在两个星座之间的某个位置，就难以界定它们属于哪个星座。19 世纪中期以后，英国天文学家约翰·赫歇尔提出根据天球上的经纬度（通常使用赤道坐标系的经纬度，分别称为赤经和赤纬）对星座边界给予严格的科学划分。星座的名称还沿用古人命名的金牛、白羊、双鱼等。这个建议得到全世界天文学家的赞同，1929 年国际天文学联合会正式决定，把全天固定划分出 88 个星座，星座名称基本沿用古代名称，但作为科学名词固定下来，全称用拉丁文表达，再将每个星座取 3 个有明确大小写的拉丁文字母作为它们的符号。成立于 1922 年的中国天文学会随即确定了星座的中文译名。这就是现代天文学所用的全天 88 星座表。

根据现代科学的划分，黄道上不是只有"十二宫"，而是有 13 个星座，多出的一个星座是蛇夫座。太阳在黄道的 13 个星座当中穿行，这些星座有大有小，太阳在各个星座中停留的时间有长有短，最长的 44 天（室女座），最短的只有 7 天（天蝎座），这就是真实的太阳周年视运动。春分点是黄道与赤道的交点之一（另一个为秋分点），太阳每年从春分点出发，沿黄道视运动一圈，又回到春分点，这一时间周期称为回归年。由于地球自转轴有一种特殊的力学运动，春分点并不固定在某一星座位置，而是缓慢地沿着与太阳周年视运动相反的方向运动，每约 26000 年转一圈，使回归年比真正的地球公转周期"恒星年"要短一点，每年差约 20 分钟，每约 26000 年差一天。这一差别早在我国东晋时期，就被天文学家虞喜发现，名曰"岁差"。

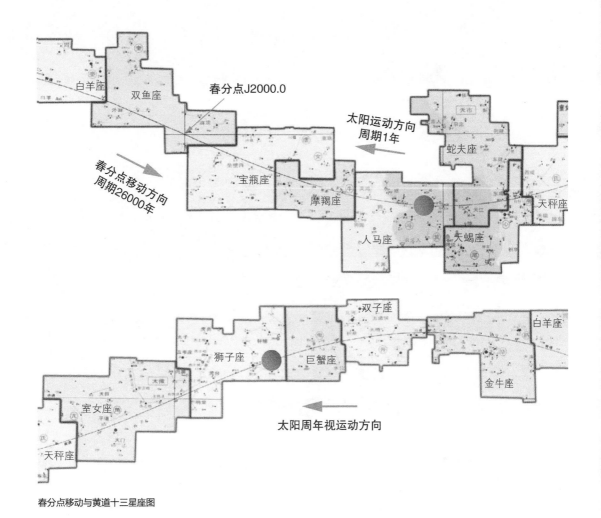

春分点移动与黄道十三星座图

我国古代二十八宿

我国古人不讲星座，而是运用另外一套星空划分体系，称为三垣四象二十八宿，此外还有其他许许多多的星官。这套体系至少在汉代前就已经采用，司马迁曾在《史记》里有过详细描述。二十八宿用 28 个汉字来表达，它们大体上也是沿着太阳周年视运动的黄道大圆分布的。那么为什么我国取名二十八宿，而西方只有黄道十二宫？这是因为古巴比伦人的黄道十二宫只关注太阳的周年视运动，而我国古人除了关注太阳外，还很关注天上的月亮，月亮的盈亏周期是我国古人传统的纪日、纪月的重要依据。月亮在星空背景中也做周期运动，它运动的轨道叫白道，周期接近 28 天。白道与黄道虽不是同一个大圆，但相当接近。我国古代二十八宿的星空划分兼顾了日、月这两个与人类活动关系最为密切的天体在星空中的运动轨迹。二十八宿又根据初昏时出现的方位分为 4 组，每组七宿，称为四象，用 4 种（实为 5 种，玄武为蛇、龟合体构成的形象）被神化了的动物，即青龙、白虎、朱雀、玄武来称呼，分别代表东、西、南、北 4 个方位。三垣即紫微垣、太微垣、天市垣。垣是"围墙"的意思，寓意用宫廷、官府和市井 3 个区域来划分以北极星为中心的北方星空。

二十八宿示意图

◐* 2.3　我国农历的制定规则

农历是连续使用了几千年的中国传统历法，也称夏历，意为从夏朝开始的历法。辛亥革命以后，中华民国政府采用新历（现行公历，民间俗称阳历），原有历法称为旧历，民间俗称阴历。中华人民共和国成立后，正式将旧历命名为"农历"，与公历并行使用。农历对年、月和节气的安排完全以月相盈亏周期和太阳周年视运动周期两个自然周期为依据，没有其他的人为干预。农历的制定规则可以归纳为 4 个关键词：定朔、置闰、中气、岁首。

"定朔"即确定月相朔发生在什么时候。农历规定：以月相朔所在的那一天为每月的初一，下次朔的日期为下一月的初一。朔望周期不是日的整倍数，自身的长短也略有起伏，平均约为 29.5305882 日，因此月长有时为 30 天（大月），有时为 29 天（小月）。朔的准确时刻要根据月亮、地球和太阳之间真实的轨道位置来确定。古时候没有轨道运动的概念，但人们也能从细致的星象观测中，预知月相朔发生在哪一天，这项工作称为定朔。

农历的重要作用是指导农业生产，而农作物的生长规律与太阳息息相关，农历的"年"也以太阳周年视运动（回归年）为依据。但回归年周期与朔望周期都不是整数，而且不能通约，积累 12 个月不够一年，13 个月又超过了。农历便通过置闰的办法来解决这一不能通约的难题。"置闰"即在适当的时候设置一个"闰月"。有闰月的年有 13 个月，称为"闰年"，没有闰月的年有 12 个月，称为"平年"，这样长期积累下来，可以让平均年长天然地与回归年长完全吻合。

置闰的依据是"中气"。我国古人根据太阳周年视运动，把黄道每隔 15 度分成一段，等分成 24 段，太阳每到达一段的时刻叫作一个节气，一共有 24 个节气。二十四节气从冬至开始，每隔一个挑出一个，共挑出 12 个，将其叫作中气。凡一个朔望月中含有中气的月份为正常月份，不含中气的月份就不是正常月份，而是上一个月的闰月。一年中有且只有 12 个中气，所以一年有 12 个正常月份，按"正月""二月"直至"十一月（也叫冬月）""十二月（也叫腊月）"编排。这就巧妙而科学地解决了朔望月与回归年之间的调和问题。

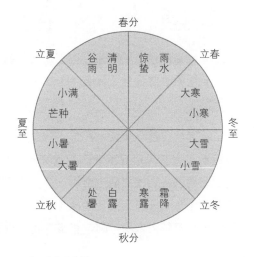

二十四节气示意图

"岁首"是指"一岁之首"，即认定哪一个月份是正月。古文献记载：夏朝以"雨水"所在之月为岁首，商朝以"大寒"所在之月为岁首，周朝以"冬至"所在之月为岁首，秦朝以"小雪"所在之月为岁首。汉武帝太初元年（公元前 104 年）颁行太初历，岁首依夏历，即以雨水所在的月份为岁首，一直沿用到现代。

我国农历兼顾日月两个自然天体，源远流长，包含着比公历更多的自然信息。二十四节气不仅能调和阴阳，而且能更准确地指导农时。公历中完全没有月相信息，而农历与月相有明确关系。月相同海洋潮汐关系密切，同某些生命活动及人类的生理周期也有关系。中华民族的一些传统节日如春节、端午、中秋等都是根据农历来确定的。2016 年 11 月 30 日，"二十四节气"被列入联合国教科文组织人类非物质文化遗产代表作名录。2017 年 5 月 12 日，中华人民共和国国家标准《农历的编算和颁行》（GB/T 33661—2017）正式发布。

天文知识小卡片

这里教给大家一个记住二十四节气先后顺序的好方法：注意看二十四节气的示意图，二分（春分、秋分）二至（夏至、冬至）4 个节气加上四立（立春、立夏、立秋、立冬）共 8 个节气，这 8 个节气的点是均匀且对称分布的。在这 8 个节气中，每两个节气之间都分别有两个节气，经过这样分解记忆以后，24 个节气就全部记住了。

另外还请注意：二十四节气的排序是以冬至为首（在中华人民共和国国家标准《农历的编算和颁行》中序号为 1），大雪为末（序号为 24）。凡序号为单数的都是中气，序号为双数的都不是中气。二分二至都是中气，但四立都不是中气。立春（序号为 4）有的年份与雨水（序号为 5）在同一个朔望月里，它就是这年当中的第一个节气；但也有的年份，立春与雨水不在同一个朔望月里，它就是上一年中的最后一个节气。所以，笼统说"立春是一年当中的第一个节气"是不准确的，应当说"立春是以冬至为首的二十四节气当中的第四个节气"。

农历的优点

农历虽然经过了历朝历代不断地完善，但是实际上它的基本思想很早以前就出现了。传说夏朝的时候就有了历法，所以农历也叫夏历，司马迁的《史记》中对历法有明确的文字记载。

我国农历是一套相当严谨、科学而实用的历法，它的自然天象依据是月亮绕地球的公转运动和太阳周年视运动。有人把农历称为阴历，把公历称为阳历，这种说法是不准确的。我国的农历既有阴也有阳，阴指月亮（古称太阴），阳指太阳。农历兼顾太阳和月亮的自然信息，没有人为因素的干扰。公历完全不考虑月亮因素，仅依据太阳周年视运动，而且大小月纯由人为排列，有王权和宗教干扰的因素，秩序混乱，2 月份的日数安排尤其不合理。

03 | 第 3 章
月球运动及月相变化

月球是地球唯一的天然卫星，它有很多特殊的性质，其中十分引人注目的是有趣的月相变化，我国古代很多文人墨客都写下了关于月相的优美诗句。

3.1 月球

月球是太阳以外与人类生产、生活关系最为密切的自然天体，在整个太阳系里，八大行星一共拥有 200 多颗天然卫星，按半径排序的话，月球是第五大卫星，但按卫星与其所属行星的质量比排序，月球稳居首位。

太阳系中几颗较大卫星的半径和与其所属行星的质量比

卫星	半径/千米	与其所属行星的质量比
木卫三	2631	1/12800
土卫六	2575	1/4210
木卫四	2400	1/17600
木卫一	1815	1/21300
月球	1738	1/81

月球与地球的质量比是 1/81，也就是说月球的质量大约是地球质量的 1/81。相较

于其他卫星与其所属行星的质量比，这个数字非常显眼，这是月球非常突出的一个物理性质。

在"宇航时代"开始之前，由于望远镜性能有限，人们在整个太阳系中只发现了 31 颗卫星，后来才陆续发现了更多的卫星，到 2023 年 4 月，总共发现了 222 颗：其中水星和金星没有卫星；地球只有月球这一颗卫星；火星有两颗很不起眼的卫星；木星有 95 颗；土星有 83 颗；天王星有 27 颗；海王星有 14 颗。近些年发现卫星的数目如下图所示。

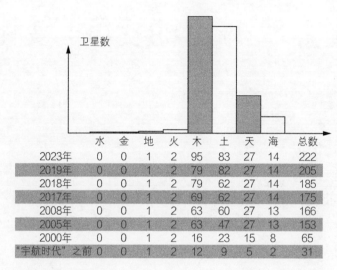

	水	金	地	火	木	土	天	海	总数
2023年	0	0	1	2	95	83	27	14	222
2019年	0	0	1	2	79	82	27	14	205
2018年	0	0	1	2	79	62	27	14	185
2017年	0	0	1	2	69	62	27	14	175
2008年	0	0	1	2	63	60	27	13	166
2005年	0	0	1	2	63	47	27	13	153
2000年	0	0	1	2	16	23	15	8	65
"宇航时代"之前	0	0	1	2	12	9	5	2	31

近些年发现卫星的数目

地球与月球组成了一个力学系统，天文上叫作地月系（见下图）。这两个天体有一个公共的质心，它的位置离地球中心只有大约 4700 千米，而地球的半径是 6300 千米左右。严格来讲，应该是地球和月球都绕着这个公共质心在公转，公转的周期是 27 天多一点。

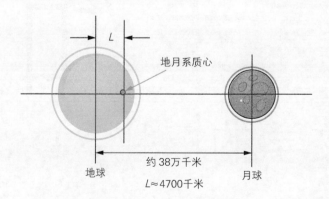

地月系的质心在地球半径以内

神秘的月球背面

月球在绕地球转动的过程中，不管转动到什么位置，总是以一面对着地球。换句话说，地球上的人看月球，永远只能看到它的正面。原因就是月球绕地球公转一圈的周期与月球自转一圈的周期严格相等，都是 27 天多一点，这是力学上的一种共振现象。

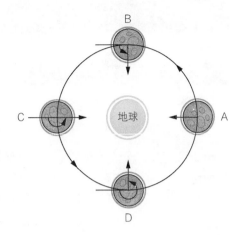

月球总以一面对着地球

请看右图：当月球在 A 位置的时候，我们画了一个箭头，这个箭头指向地球，地球上的人看到以这个箭头为中心的那半个月面，由于月球绕地球公转，一个星期之后它从 A 位置转到了 B 位置，公转的角度是 90 度，同时月球也自转，它自转的角度也是 90 度，刚才那个箭头依然指向地球，地球上的人看到的还是那半个月面，然后月球继续公转，从 B 位置又转到了 C 位置，月球公转与自转的角度都是 180 度，还是箭头指向地球，转到 D 位置的时候，月球公转与自转的角度都是 270 度，然后又回到 A 位置，完成了一个周期。不管月球在轨道上运行到哪里，总是箭头指向地球，也就是说地球上的人永远只能看到相同的那半个月面，这就是月球总以一面对着地球的原因。由于这个原因，人类如果不离开地球，就永远看不到月球的背面。

现代航天技术使人类对月球背面已了解得一清二楚。人类看到月球背面最早是在 1959 年，当时苏联发射的飞行器拍到了月球背面，照片被回传到地球后，人类第一次见识到了月球的另一面（见下图）。现在人类已进行了多次月球探测，其中，我国发射的"嫦娥四号"探测器于北京时间 2019 年 1 月 3 日 10：26 成功着陆在月球背面冯·卡

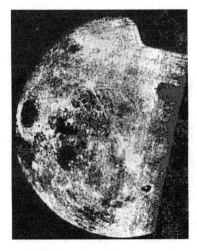

人类拍摄的第一张月球背面的照片

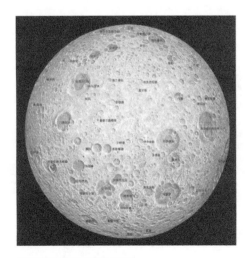

绕月探测器拍摄到的月球背面

在月球背面登陆的"嫦娥四号"探测器　　　　　　行驶在月球背面的"玉兔二号"月球车

门撞击坑，22：22"玉兔二号"月球车驶抵月球背面。我国是有探测器和月球车登临月球背面的第一个国家。

日月同大

　　人们在地球表面上看天上的太阳与月球，觉得它们的大小差不多。实际上太阳直径比月球直径大 400 倍，看似日月同大是一种巧合，巧合之处是两个比值恰巧相等：月球直径∶月地距离＝太阳直径∶日地距离。从地球上看，它们的角直径是相等的，也就是看起来太阳和月亮一样大。当然，严格来讲也不是完全相等，因为两者的直径虽然没有变化，但与地球的距离是有变化的。月球绕地球公转的轨道和地球绕太阳公转的轨道分别是一小一大的椭圆形的，地球位于小椭圆的一个焦点上，太阳则位于大椭圆的一个焦点上，月地距离和日地距离都会时时变化。因为椭圆的椭率都比较小，所以上述距离差别不是很大。太阳与月球在天上到底哪个稍大，我们通过日食观测可以一目了然。

　　左下图是 2008 年 8 月 1 日观测到的一次日全食，这张照片是南开大学的学生在实地观测时拍的，拍摄地点是山西风陵渡。照片中月球把太阳完全挡住了，只露出外围的太阳大气层，这说明月球比太阳看起来稍微大一点，这才会发生日全食。

　　右下图是 2020 年 6 月 21 日在厦门观测到的一次日环食。月球没有完全挡住太阳，

2008 年 8 月 1 日观测到的日全食

2020 年 6 月 21 日观测到的日环食

露出了太阳边缘的一圈太阳本体，这说明月球比太阳看起来稍微小一点。

　　两张照片充分说明月球有时看起来稍微大一点，有时稍微小一点，所以才会发生日全食、日环食这两种现象。但是日食很难得见到，虽然全球每年都有日食发生，但是若想固定在一个地方看日食，特别是日全食或日环食是比较难得的。

　　2035 年 9 月 2 日，我国西北、华北地区将有一次非常壮观的日全食，全食带扫过北京城区，全食时长 95 秒，全程 2 小时 25 分 30 秒。早晨 7∶23 初亏；8∶32 食甚；9∶48 复圆，这是北京市 400 年来才有的机遇。全食带以外，我国大部分地区届时可见日偏食。

◑ 3.2　月相变化

　　"人有悲欢离合，月有阴晴圆缺。"月亮圆缺不同的"相貌"叫作月相。月相是制定我国传统历法的重要依据，也是我国古代很多文学作品中描述的对象。唐朝诗人李贺的"天若有情天亦老"和宋朝文学家石延年（字曼卿）的"月如无恨月长圆"被北宋名臣司马光称为千古绝对。按照石曼卿写的字面意思，月亮有时不圆是因为月亮有恨，这里运用了拟人的修辞手法，事实当然不是这样的。

　　月相的圆缺，是地球、月球、太阳在相互运动之中，由不同的光照情况造成的。请看下图：地球在中间，月球在距离地球约 38 万千米的地方绕地球公转，太阳光从约 1.5 亿千米的远方射过来，在阳光的照射下，地球上一面处于白天，另一面处于黑夜。同样，月球受到阳光照射的那一面是亮的，另一面没有阳光照射的是暗的。

　　月球在图中 A 位置的时候，地球上的人看天上的月亮，刚好是阳光照不到的暗的一面，而且与太阳处在同一方向。这时人们看不见月亮，这在我国古代叫作朔，发生朔的这一天被定义为农历初一。月球绕地球公转半个月之后到了 D 位置，这时地球上的人在晚上抬头看天上的月亮，看到的刚好是被阳光充分照亮的那一面，这时

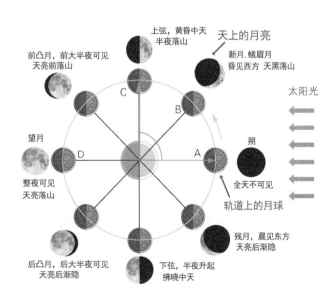

月相的变化示意图

天上是一轮圆圆的月亮，天文学上叫作望或者满月。如果月球在轨道上运动到 C 位置，这时地球上的人看天上的月亮和太阳呈 90 度角，它的右边一面有阳光照耀是亮的，而左边一面太阳光照不到是暗的，人们看到半圆形的月亮，天文学上叫作上弦。上是因为发生在农历的上半月，到下半月还有一次叫作下弦，这时月亮左边一半是亮的，右边一半是暗的。月球公转到 B 位置，地球上的人这时观察天上的月亮只有右边弯弯的一小部分是亮的，这就是月牙，而左边大部分是暗的，这时的月相叫作新月，也叫蛾眉月——古人把眉毛修饰得像弯弯的飞蛾的触须，称作蛾眉。到了下半月的时候又出现一次弯弯的月亮，叫残月，转而又回到朔，周而复始，这就是月相的变化。

月相变化的唯一决定因素就是从地球上看时，太阳与月球之间在天球上的角度距离，称为日月角距。前面说过，太阳以众星为背景在黄道上运行，每年转一圈；月球以众星为背景在白道上运行，每月转一圈。黄道与白道非常接近，太阳与月球在同一"跑道"上同向"赛跑"，永不停歇。但月球比太阳跑得快很多，两者之间的距离不断变化，每超越一圈，角距从 0 度变到 360 度，月相就从朔到望再到朔轮换一圈。日月角距从太阳所在位置起算，沿着逆时针方向（与星空周日运动相反的方向）到月球所在的位置为止。日月角距为 0 度时月相为朔，日月角距为 180 度时月相为望。日月角距与月相的关系见下表。

月相变化

日月角距与月相的关系

日月角距	0度	略大于0度	90度	180度	270度	略小于360度
月相	朔	蛾眉月	上弦	望	下弦	残月

◐ 3.3　古诗词中的月相

接下来我们看看月相、农历日期、观月时间和月亮的方位这 4 个因素之间的相互关系。

月相唯一的决定因素是日月角距，农历日期与月相完全对应。观月时间是与太阳的方位相关联的，例如黄昏太阳在西边，黎明太阳在东边，半夜 12 点太阳在地平线以下最低的位置。观月时间确定了，太阳的方位就确定了；月亮方位和日月角距可以相互推算，也就知道了月相和农历日期。因此这4个因素组成一组参数。任何时候看天上各种各样的月相，我们都可以随即判断这一组参数的具体内容。下面我们通过一些文学作品来分析这几个因素。

月上柳梢头，人约黄昏后

北宋欧阳修的《生查子·元夕》几乎家喻户晓，其中的"月上柳梢头，人约黄昏后"更是人们耳熟能详的名句。

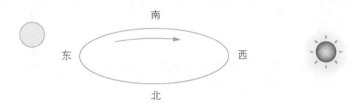

北宋欧阳修《生查子·元夕》中的月相知识

注意，通过"月上""黄昏"这两个词就足以判断出天上的月相是什么。观月的时间是黄昏，黄昏时太阳一定在西边。"月上"就是月亮升起的意思，"月上柳梢头"的意思就是月亮刚刚升到柳梢那个位置，那么这时月亮一定是在东边，因为月亮与太阳以及所有的天体都是东升西落的，这个是地球自转的反映。月亮在东边时太阳在西边，它们的角距是180度，这时的月相只能是望，就是农历十五、十六月圆的时候。其实这首词开头"去年元夜时"就已经交代了，元夜是一年中的第一个月圆之夜，也就是元宵节，月相无疑是望。

风回日暮吹芳芷，月落山深哭杜鹃

唐朝诗人李群玉写过一首凭吊古迹的诗——《黄陵庙》，其中的"日暮""月落"可以帮我们分析出月相。

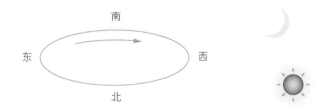

唐朝李群玉《黄陵庙》中的月相知识

"日暮"就是黄昏的意思，这时太阳在西边。"月落"代表月亮也在西边，因此月亮与太阳相距不远，这个月相应当是蛾眉月，是细细弯弯的月亮。可是残月也是细细弯弯的，但是这首诗描写的显然不是残月，因为残月比太阳要更靠西，太阳还没有落下时，残月就已经下去了，所以不可能看到日暮、月落，黄昏时在西边天空能看到的离太阳比较近的月亮只能是蛾眉。既然是蛾眉月，那日期就是农历初三或初四。白居易的《暮江吟》"一道残阳铺水中，半江瑟瑟半江红。可怜九月初三夜，露似真珠月似弓。"显然也是这种月相。这样，诗中的农历日期、月相、观月时间、月亮的方位这4个因素就都一清二楚了。

月落乌啼霜满天……夜半钟声到客船

张继的这首脍炙人口的唐诗《枫桥夜泊》，与月相有关的两个词是"月落""夜半"。

既然是夜半，太阳一定在地平线下面最深处，这个时候月落，也就是在西边地平线上往下落。日月角距从太阳开始到月亮的位置应该是90度，月相一定是上弦。所以读这首诗你能分析出月相是上弦，月亮半夜时刚好到达西边地平线，马上就要落下去了。上弦的日期是农历的初七或初八。4个因素都分析出来了。

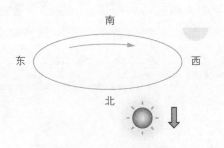

唐朝张继《枫桥夜泊》中的月相知识

今宵酒醒何处？杨柳岸，晓风残月

北宋词人柳永的《雨霖铃·寒蝉凄切》在文学史上受到的评价很高，其中与月相有关的"今宵酒醒何处？杨柳岸，晓风残月"被认为是这首词中最精彩的一句。

残月是月相，农历日期是二十八或二十九，观月时间是晓，也就是天刚亮的时候，唯一需要分析的是月亮在天空中的方位。既然是残月，那日月角距就稍小于360度，也就是说月亮与太阳相距不远。既然是天刚亮，太阳在东边，月亮也一定在东边，且在太阳的上方。太阳还没有升起，残月已经升起了，这正是"杨柳岸，晓风残月"的意境：晨光方露，河岸凄清，微风吹拂，柳丝飘摇，一钩残月低挂在东边天际。残月一定是出现在早晨东方的天空。由于地球自转，月亮会越升越高，等到太阳也升起到一定高度时，天就大亮了，残月虽然仍然在天上却不可能被看到了。

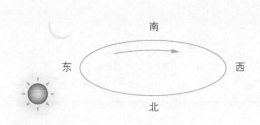

北宋柳永《雨霖铃·寒蝉凄切》中的月相知识

通过这些古代文学作品中的示例，我们能够比较容易地分析出与月相相关的现象。

04 | 第 4 章
太阳及其行星

按照到太阳的距离从近到远，太阳系的八大行星依次为水星、金星、地球、火星、木星、土星、天王星和海王星。太阳系的中心天体是太阳，系内其他所有天体都因为受到太阳的引力而围绕太阳公转。

4.1 太阳系的中心天体——太阳

太阳是太阳系中唯一的恒星，也是唯一的能源体，它集中了太阳系全部质量的99.86% 左右。它的质量大约是地球质量的 33 万倍，体积大约是地球体积的 130 万倍。

美国国家航空航天局（National Aeronautics and Space Administration, NASA，又称美国国家航天局）与欧洲空间局（European Space Agency, ESA） 在 1995 年联合发射了太阳和日球层探测器（Solar and Heliospheric Observatory,

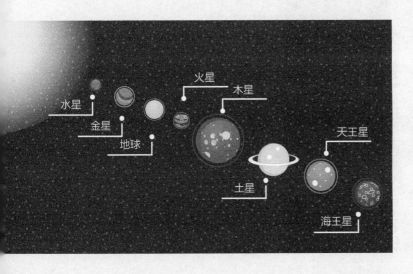

太阳系

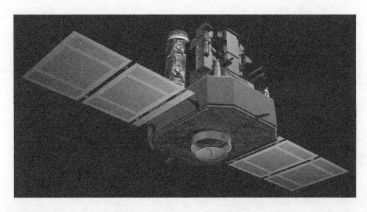

SOHO

SOHO，又称"索贺"），2010 年和 2018 年美国先后发射了太阳动力学观测台（Solar Dynamics Observatory, SDO）和帕克太阳探测器（Parker Solar Probe, PSP），专门观测太阳。

2021 年 10 月 14 日，中国首颗太阳探测卫星"羲和号"发射升空，运行于平均高度为 517 千米的太阳同步轨道，将实现国际首次太阳 Hα 波段光谱成像空间探测，这标志着我国已进入空间探日的时代。

2022 年 10 月 9 日，中国先进天基太阳天文台（Advanced Space-based Solar Observatory, ASO-S）"夸父一号"发射升空，运行于高度 720 千米的太阳同步轨道，观测和研究太阳磁场、太阳耀斑和日冕物质抛射的起源及相互关系。

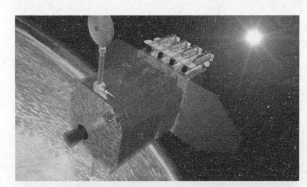

SDO

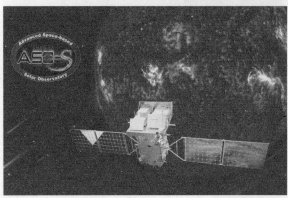

"夸父一号"

太阳的内部结构

下面我们通过一张图来认识太阳的内部结构。

太阳核心区的半径大概占了太阳半径的 1/4。太阳核心区是太阳内部进行热核反应的中心区域，这里的温度高达约 1600 万开尔文（开尔文简称开，是热力学温度的单位名称，0 开 = −273.15 摄氏度）。

我们看到的太阳表面叫作光球，光球的温度为 6000 开左右。在光球的表面有的时候会出现大大小小的黑子，这些黑子是在太阳磁场活动的影响下产生的，温度相对低一点，大概是 4000 开。

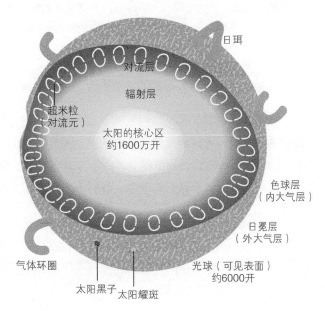

太阳内部结构图

由于光球正常的温度是 6000 开左右，黑子区域的温度较四周的低，所以它就显得暗了。黑子有的时候大有的时候小，有的时候会成群出现。比较大的黑子，实际直径会达到约 20 万千米，比地球的直径要大十几倍。

整个太阳表面布满了"米粒组织"，就是一颗一颗像大米粒或者煮熟的米饭那样的结构。每一个米粒的长度实际上也有 700 ~ 2000 千米，而且它还在不断地翻滚变化。

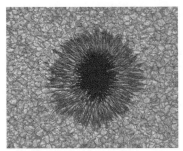

太阳表面的黑子和"米粒组织"

在光球之外，太阳还有两层大气层。其中，较内的层被称为色球层，从色球层里时常会冒出奇形怪状的日珥。较外的层被称为日冕层，可能会延伸至几倍太阳直径的范围。在平常，因为光球特别明亮，日珥与日冕是不能被直接看到的，而当发生日全食的时候，我们就可以清楚地看到它们了。

太阳的能量

要了解太阳的能量，我们需要先了解一个重要的数据——太阳常数。这并不是一个物理常数，而是一个测定值，是用天文学的方法直接测量出的太阳辐射能的大小。具体来说就是人们测量出的太阳辐射的电磁波到达地球大气层外距离太阳 1 天文单位（au，为日地平均距离）的地方时，在单位时间内垂直于太阳光线的每平方米表面上接收的太阳辐射能的大小。

因为它基本上是稳定不变的，所以被称为太阳常数，也被称为太阳辐射功率值。经过反复地测量，太阳常数的数值确定为 1.367 千瓦 / 平方米，也就是说在地球大气层外表面每平方米的面积上每秒都能够接收到太阳传送来的 1.367 千焦（1 瓦 =1 焦 / 秒）的能量。

根据这个数值，我们很容易推算出太阳的辐射总功率。设想以太阳为中心，有一个大球，它的半径是地球到太阳的平均距离，也就是天文单位 au，那么这个球的表面积应该是 4π（au）^{2}。在这么大的面积上，每平方米表面上每秒都能收到 1.367 千焦的太阳辐射能，那么 1.367 乘上这个球的表面积，就得出了太阳辐射总功率，它的数值是 3.845×10^{26} 瓦。

$$太阳常数 \ S=1.367（千瓦 / 平方米）$$
$$辐射总功率 \ E_\odot=4\pi（au）^2 S=3.845 \times 10^{26}（瓦）$$

天文知识小卡片

　　天文单位是天文学中的一个距离单位，它的符号是 au，长度等于 149597870 千米。这是一个测量出来的数据。它的实际含义是指地球绕太阳公转的轨道半长轴，也就是地球到太阳的平均距离，大概是 1.5 亿千米。2012 年在北京举行的国际天文学联合会第 28 届大会决议，将天文单位作为定义常数，数值为 149597870700 米。

地球距离太阳有 1.5 亿千米左右，只能接收到太阳很少的一部分辐射功率。按照面积来计算，地球大概只能接收到太阳辐射总功率的 22 亿分之一。当然，这是到达地球大气层外表面的太阳辐射的功率，如果太阳辐射要到达地球表面，也就是陆地和海洋表面，那么经过大气层的吸收和反射，它将损失掉一半。所以地球表面上收到的太阳辐射功率，实际上大概是太阳辐射总功率的 44 亿分之一，而就是这么一点点的太阳辐射功率就已经相当于全球发电总功率（各个国家各种方式发电的功率总量）的 10 万倍。由此可见，太阳的能量是多么巨大。

那么太阳的这些能量都是怎么产生的呢？这个问题经过天文学家 100 多年的研究，终于在 20 世纪 30 年代得出了答案。原来它来源于太阳核心区的热核反应，也就是核聚变反应，也被称为 P–P 反应。在这个反应中 P 代表质子，氢原子核就是一个质子，太阳内部进行的热核反应就是 4 个质子或者说 4 个氢（H）原子核，在高温、高压的条件下进行聚变反应。这些质子反应之后聚变为 1 个氦（He）原子核，也就是包含 2 个质子和 2 个中子这样的氦原子核结构，再加上 2 个正电子（e^+）、2 个中微子（υ_e）和 3 个光子（γ）。这 3 个光子就是太阳的辐射能。

$$4H \rightarrow He+2e^++2\upsilon_e+3\gamma$$

在这个过程当中，投入的 4 个氢原子核的质量大于产生的 1 个氦原子核的质量，总质量有所损耗，损耗的质量转化为能量，这就是太阳辐射的能量来源。质量转化为能量的公式就是有名的爱因斯坦质能方程：

$$E=mc^2$$

其中 E 是转化成的能量，m 是参与转化后损耗掉的物质的质量，c 是光的传播速度。利用这个公式，我们可以计算出太阳为了维持它的辐射总功率 $E_\odot=3.845 \times 10^{26}$ 瓦，每秒会损耗多少质量的物质：

$$\Delta M_\odot=E_\odot/c^2=4.29 \times 10^{12} \text{ 克 / 秒（每秒约 400 万吨）}$$

可见，太阳为了维持它的辐射功率，每秒需要损耗约 400 万吨的物质，具体的物质就是那些氢原子核，或者说是大量的质子。

太阳从诞生到现在已经约有 50 亿年了，那么在不断损耗质量的情况下，太阳还能存在多久？我们不妨简单地估算一下，首先经过天文测量，我们知道太阳的总质量是 2×10^{33} 克。但是，这么多质量的物质中能够参与热核反应的，只有氢原子核，氢占太阳总质量的 71% 左右，而氢原子核通过聚变的方式，不断变成氦原子核。氢的原子量是 1.0079，氦的原子量是 4.0026，因此在这种聚变的过程当中，质量的损耗率是（$4 \times 1.0079-4.0026$）/（4×1.0079）$\approx 0.72\%$，拿太阳的总质量乘氢的质量所占的比例 71%，再乘它的损耗率 0.72%，就得出太阳能够提供的转化成能量的总质量：

$$M_\odot=2 \times 10^{33} \times 0.71 \times 0.0072 \text{ 克}$$

拿这个总质量除以 4.29×10^{12} 克 / 秒，我们就能得出来太阳能够维持多长时间的损耗：2.38×10^{18} 秒，大约 750 亿年。

当然，这样计算太阳的寿命过于简单了，太阳长时间的演化过程要复杂得多，太阳物理学家告诉我们，太阳的热核反应到某一个阶段时会有所变化，不能一直维持像前面所说的这种简单的反应过程。经过仔细地推算，物理学家得出实际的太阳寿命应该是 100 亿年左右。

太阳从诞生到现在已经过去了约 50 亿年，未来大约还能存在 50 亿年。50 亿年相比人的一生，甚至相比整个人类进化的历史来说都要长得多。虽然它不是数学概念上的永恒，但是也可以理解为非常长的时间了，因此我们现在还不需要担心 50 亿年之后没有太阳我们的子孙后代该怎么办。

太阳辐射对地球生命的影响

太阳内部通过热核反应产生的能量传导到太阳的表面，也就是光球，再向空间各个方向辐射，其辐射出来的电磁波虽然 90% 以上是在可见光波段和一部分红外及紫外波段，但是其实还包含着所有其他波段。

这些太阳发出来的所有波段的电磁波，如果全部到达地球表面，那么将杀死地球上的生物。所以太阳不仅能够孕育生命，是地球的能源基地，同时它也具有杀死生物的物理性质。

能够杀死生物的主要成分是太阳的高频段或高能量的紫外辐射，也就是我们通常所说的紫外线和频率更高的 X 射线、γ 射线。除了这些高能的射线之外，对生物而言可怕的还有太阳风。

太阳风不是电磁波，而是从冕洞（日冕层中的大片暗区域）喷射出来的高能粒子。虽然太阳风粒子的分布密度很低，但是每一个粒子所具有的能量都很大。如果被粒子直接击中，地球上的任何生物体都将无法存活。

所以说作为恒星的太阳，既是地球生命的能源提供者和保障者，也是具有可怕杀伤力的生命克星，幸好地球自身有两道防线——地球表面的大气层和更上方的由地球磁场形成的地球磁层。这两个防护层很好地阻挡了太阳传送来的这些威胁生命的射线与粒子。

阻挡高能电磁波辐射的主要是地球的大气层。大气层阻挡了大部分波段的太阳辐射，只留下两个透明的窗口：光学窗口和射电窗口（也叫无线电窗口）。光学窗口能通过波长 0.35 ~ 17 微米的电磁波，涵盖了可见光（0.4 ~ 0.76 微米）、一部分红外线和极少量的紫外线。射电窗口能通过的电磁波的波长范围是 1 毫米 ~ 20 米，人眼虽不能直接看见射电波，但可通过射电望远镜接收到。

太阳电磁波辐射的种类

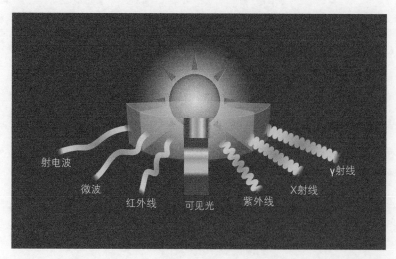

太阳风

阻挡太阳风的主要是地球辐射带和磁层，它们是由地球磁场构建起来的。

正是由于地球自身具有这样优良的保障生命的条件，它才能成为各种生物繁荣生长的星球。

◎⃰ 4.2　太阳也是扰动源

根据现代天文探测，太阳系里除了地球外，其他七大行星上都不存在地球生物的生存环境。太阳不能够直接杀死地球上的生物，但是它能对地球表面的活动产生扰动，所以太阳既是能源基地，也是扰动源，这些扰动来自太阳表面强烈的物质和磁场活动。

太阳黑子

对太阳活动情况的研究是从对太阳黑子的研究开始的。天文学家用望远镜不间断观测太阳，发现了太阳表面黑子的数量、位置和大小的变化，然后通过不断积累资料，发现了太阳扰动的规律。黑子大小和数量的变化有周期性，被称为太阳活动周，周期通常是 11 年。

最早对太阳黑子进行系统观测的是瑞士苏黎世天文台的工作人员，他们从 1755 年开始积累太阳黑子的资料，从那时算起，每 11 年一个周期，一直持续到现在。2019 年 12 月已进入第 25 个太阳活动周，预计 2025 年 7 月太阳活动将达到高峰期，也就是太阳相对活跃的时期。下图是黑子分布的蝴蝶图，一只只的"蝴蝶"是根据实际观测描绘的黑子分布的真实记录。随着时间的推移，我们看到了许多蝴蝶的形象，它们由多到少，由高纬度向低纬度转移，周期大概是 11 年。

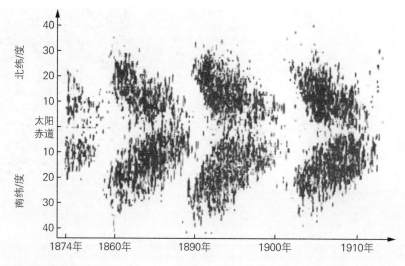

黑子分布的蝴蝶图

极光

地球周围的磁场可以阻挡太阳风粒子，所以地球表面可以免受太阳风粒子的伤害，但是地球南、北极的磁场有漏斗形的漏洞，少量的太阳风粒子有可能沿着漏洞进入地球表面的大气层，进入之后它们会和地球高层大气的带电粒子相互作用产生极光，这种现

加拿大萨德伯里上空的极光

美国阿拉斯加上空的极光

挪威上空的极光

象只限于靠近地球南、北极的高纬度地区。在我国唯一偶尔能看到极光的地方是国土最北端的黑龙江漠河地区。

我国南极中山站上空的极光

我国黑龙江漠河上空的极光

太阳扰动引发的其他现象

太阳活动扰动了太阳系的空间环境。太阳活动整体水平高低的标志是太阳黑子群和黑子数的多寡。黑子多的时候，日珥和耀斑等会频繁爆发，日冕中会出现极度的不均匀结构，太阳风从冕洞中强劲吹出。太阳活动的物理本质是太阳磁场活动，黑子所在区域是太阳表面局部磁场增强的区域，黑子越多的区域是局部磁场越强的区域。太阳黑子出现的数量虽有 11 年左右的消长周期，但相邻两个周期的黑子群磁场极性刚好相反，并轮流交替，因此太阳活动的物理周期应是 22 年，称为太阳磁周。右图是美国 SDO 拍摄的太阳活动峰值期（左，2014 年 4 月）和宁静期（右，2019 年 12 月）的对比照片。

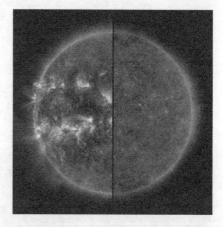

美国 SDO 拍摄的太阳活动峰值期和宁静期的照片

下面展示的是 SOHO 拍摄的 4 张大日珥和 2 张日冕物质抛射的壮观照片。照片中的蓝色小地球是为了比较大小而特意放置的，白色圆圈则表示太阳光球大小。

1999 年 7 月 24 日太阳大日珥

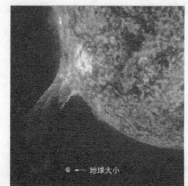

地球大小

2002 年 7 月 1 日太阳大日珥

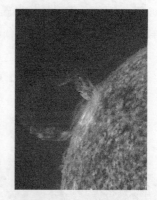

2010 年 3 月 30 日太阳大日珥

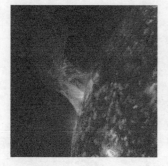

2012 年 12 月 31 日太阳大日珥

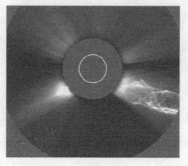

1998 年 6 月 2 日日冕物质抛射

2022 年 1 月 4 日日冕物质抛射

在太阳活动剧烈的时候，色球层上还会出现明亮的耀斑，它是太阳大气中最强烈的能量突然爆发现象。一个中等大小的耀斑具有的能量相当于 1 亿颗氢弹爆炸产生的能量。左下图是美国 SDO 2013 年最后一天拍到的太阳耀斑。右下图是美国 SDO 拍摄的太阳三色合成像，在图中也能观察到太阳耀斑。

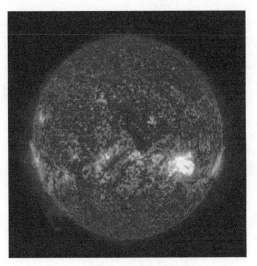

2013 年 12 月 31 日美国 SDO 拍摄的太阳耀斑

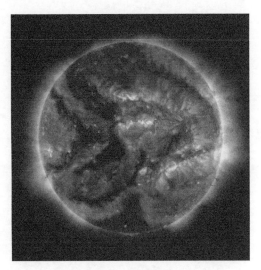

2015 年 5 月 23 日美国 SDO 拍摄的太阳三色合成像

4.3　除地球外的七大行星

　　太阳系八大行星按照大小可以分成两组。一组是以木星为代表的类木行星，成员有木星、土星、天王星、海王星，其中木星的体积最大。它们的共同特点是体积和质量都比较大，卫星众多（至 2023 年已发现 219 颗），而且它们都有光环，离太阳比较远、温度相对比较低，表面没有岩石结构，都具有流体（液体或者气体）成分。另一组叫作类地行星，以地球为代表，成员有火星、地球、金星、水星，其中地球的体积最

4 颗类地行星（地球、金星、火星、水星）大小比较

大。它们的共同特点是体积、质量都较小，卫星很少（地球只有一颗卫星，火星有两颗），它们都没有光环，离太阳比较近、温度相对比较高，表面都有岩石结构。

4 颗类木行星（木星、土星、天王星、海王星）和 4 颗类地行星大小比较

八大行星与太阳大小比较

八大行星的直径（以地球直径为单位）和到太阳的平均距离 *

	水星	金星	地球	火星	木星	土星	天王星	海王星
直径（地球 =1）	0.383	0.949	1	0.533	11.209	9.449	4.007	3.883
平均距离 /au	0.387	0.723	1	1.524	5.203	9.537	19.191	30.069

* 所谓平均距离是指最远距离与最近距离的平均值，即椭圆轨道的半长径

水星

水星是离太阳最近的行星，水星的公转周期只相当于地球上的 88 天，而它的一昼夜的时间却有 176 天左右，所以水星上的一天相当于水星的两年。因为它的自转速度非常慢，它的一面长时间受到太阳照射，另一面则长时间无法受到太阳照射，所以昼夜温差非常大——昼夜温度从 –175 摄氏度到 427 摄氏度，温差高达约 600 摄氏度。加上水星上的重力太小，留不住水和空气分子，所以没有大气层，也就不可能有任何生命存在。

2004 年 8 月 3 日美国发射水星探测器"信使号"，它于 2011 年 3 月 18 日正式进入绕水星轨道，于 2015 年 5 月 1 日完成全部探测任务，绕水星飞行了大约 4000 圈，拍摄了大约 25 万张高清晰度水星表面照片，最后撞击水星表面自毁。

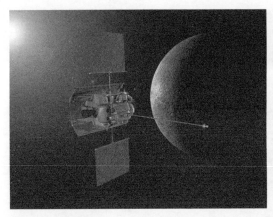

"信使号"水星探测器

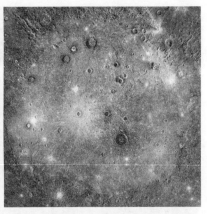

"信使号"拍摄的高清晰度水星表面照片之一

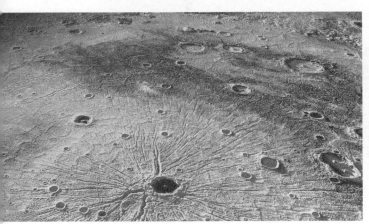

"信使号"拍摄的高清晰度水星表面照片之二

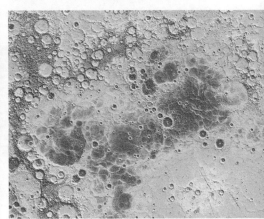

"信使号"拍摄的高清晰度水星表面照片之三

金星

　　金星具有非常浓密的大气层，浓云密雾永远围绕着它，可见光很难穿透该大气层。美国发射的"麦哲伦号"金星探测器于 1990 年 8 月进入环绕金星的轨道，通过射电波探测了 97% 以上的金星表面，于 1994 年 10 月坠入金星大气层。金星表面到处都是炽热的火山地貌，最高峰的高度约为 11000 米。金星上的一昼夜长约 117 天（这里的天指地球上的一天），一年长约 225 天，相当于一年只有两天。金星的大气成分中大约 97% 是二氧化碳，其余是氮气、氩气、氦气和硫酸蒸气，温室效应非常严重，温度高达约 480

"麦哲伦号"拍摄的金星表面照片之一

"麦哲伦号"拍摄的金星表面照片之二

摄氏度，昼夜温差很小。金星的自转轴基本上是直立的，不存在一年四季的变化。金星的自转方向与公转方向相反，在其上看到的太阳和所有天体都西升东落。金星这位地球的"姊妹"，空有黄金般璀璨的外表，实为不容任何生命存活的"炼狱"。

行星上的昼夜长短既和自转周期有关，也和公转周期有关。昼夜周期 $T_{昼}$、自转周期 $T_{自}$ 和公转周期 $T_{公}$，它们之间的关系符合一个叫作会合运动方程的计算公式。

会合运动方程：

$$\frac{1}{T_{昼}} = \frac{1}{T_{自}} - \frac{1}{T_{公}}$$

金星的自转周期 $T_{自}$ 是 −243.018 天，因为逆向自转，所以取负号；公转周期 $T_{公}$ 是 224.701 天。计算的结果昼夜周期 $T_{昼}$ 是 −116.82 天。下表列出水星、金星、地球、火星 4 颗行星的自转、公转和昼夜周期。离太阳更远的行星因为公转周期较长，公转周期对昼夜周期已经不产生明显影响了。请注意，地球的昼夜周期是 1.00 天，也就是 24 小时，天文上称为"平太阳日"，而地球的自转周期不是 1.00 天，而是 0.997 天，天文上称为"恒星日"。

水星、金星、地球和火星的自转周期、公转周期和昼夜周期

行星	$T_{自}$/天	$T_{公}$/天	$T_{昼}$/天
水星	58.646	87.969	175.94
金星	−243.018	224.701	−116.75
地球	0.997	365.25	1.00
火星	1.026	686.93	1.028

火星

火星是人类非常关注的一颗行星。火星比地球小，质量只有地球的 1/10，大气稀薄，大气压不足地球的 1/100。火星的大气成分中大约 95% 是二氧化碳，其余是氮气、氩气和少量水蒸气。火星与地球的相似之处是它的自转周期是 24 小时 37 分和自转轴倾斜角度是 25.2 度，因而有和地球大致一样的昼夜长短和一年四季的变化，不过火星的一年有 680 多天。火星的昼夜温差和年温差都很大，变化范围为 –139 ~ 20 摄氏度。

人类发射并在火星表面着陆的探测器已对它进行了频繁的探测。第一个在火星表面成功着陆的是 1996 年美国发射的"火星探路者"和它携带的火星车"索杰纳"。2003 年 6 月 2 日欧洲发射了"火星快车"探测器，2012 年 8 月 6 日美国"好奇号"火星探测器降落火星。

"火星探路者"和"索杰纳"

"好奇号"火星探测器

"好奇号"拍摄的火星表面

　　北京时间 2020 年 7 月 23 日 12：41，我国行星探测任务"天问"系列的第一个火星探测器"天问一号"发射升空。"天问一号"由环绕器、着陆器和巡视器（"祝融号"火星车）组成。"天问一号"于 2021 年 5 月 15 日 7：18 安全着陆于火星乌托邦平原，从伞降至着陆历时约 9 分钟。5 月 17 日 8 时许环绕器进入与地球通信的中继轨道，每 8.2 小时绕火星一周。5 月 19 日"祝融号"拍摄的首批火星照片传回地球。5 月 22 日 10：40"祝融号"驶离着陆器平台，安全抵达火星表面。

"天问一号"着陆器降落在火星乌托邦平原，"祝融"号火星车已驶离着陆器平台

"祝融号"驶离着陆器，在相距约 10 米处放置相机后再退回到与着陆器靠近的位置拍下这张合影照片

木星

　　木星自转周期比较短，一昼夜大约只有 9.8 小时，可是它的年周期很长，差不多 12 个地球年才绕太阳一圈，因此木星上的一年有 1 万多天。木星表面为液态氢组成的海洋，海深约 2.4 万千米。其下是液态金属氢和氦，深约 4.6 万千米。木星岩石组成的内核直径约是地球直径的 1.6 倍。通过望远镜看到的条带状物质是它的云层，而不是液体表面。木星有 95 颗卫星（截至 2023 年），其中 4 颗较大的用小望远镜就可看到，最早为伽利略所发现，称为伽利略卫星。木星也有光环，是"旅行者号"飞船发现的。

哈勃空间望远镜拍摄的木星

2011 年美国发射的"朱诺号"木星探测器拍摄的木星

土星

土星是人类肉眼所能见到的最远的行星，密度大约只有水的0.70，是唯一能"漂浮"在水面上的大行星。土星的内部结构和大气层都与木星类似。土星最显著的特征是它美丽的光环，用望远镜看过土星的人大都会留下终生难忘的印象。1997年10月美欧合作发射了"卡西尼号"土星探测器，它于2004年7月进入环绕土星的轨道，进行土星本体、土星环和卫星系统的探测。2017年9月15日，"卡西尼"号燃料耗尽坠入土星大气层而焚毁。

2021年美国发射的JWST（详见9.4节）拍摄的木星

"卡西尼号"拍摄的土星

哈勃空间望远镜拍摄的风姿各异的土星环

"卡西尼号"拍摄的土星环

　　下面这张照片是 2013 年 7 月 19 日 "卡西尼" 号拍摄的土星与地球同框的照片，箭头所指的小白点是远在距土星 14 亿千米之外　的人类的家园——地球。美国当代天文学家卡尔·萨根（Carl Sagan）在他的《暗淡蓝点》中写道："再看看那个光点，它就在这里。这是家园，这是我们。你所爱的每一个人，你认识的每一个人，你听说过的每一个人，曾经有过的每一个人，都在它上面度过他们的一生。……每一个'超级明星'、每一个'最高领袖'、人类历史上的每一个圣人与罪犯，都在这里——一个悬浮于阳光中的尘埃小点上生活。"

地球与土星同框

"卡西尼号"拍摄的土卫七

"旅行者 2 号" 拍摄的天王星

　　2019 年，人类发现 20 颗土星的新卫星，使土星的卫星数多达 82 颗，超过木星，居太阳系首位。2023 年又发现 16 颗木星的新卫星和 1 颗土星的新卫星，木星的卫星数又重回首位。

天王星和海王星

　　天王星和海王星有许多相似之处，二者相比，天王星体积略大而质量略小，它们的自转周期也差不多，分别为约 17 小时和约 16 小时。它们都有由液氢和液氦组成的海洋与浓密的大气，也都有光环。天王星环是 1977 年在它遮掩恒星时被地面天文望远镜观测发现的。1977 年发射的 "旅行者 2 号" 分别在 1986 年与 1989 年飞掠天王星和海王星，确认它们都有光环。

　　天王星和海王星的自转轴倾斜角度相差悬殊：海王星倾斜约 30 度，有与地球相似的一年（约 165 个地球年）四季变化；而天王星倾斜近 98 度，是唯一"躺在"轨道面上自转的大行星，而且它的自转方向与金星一样，也是自东向西，与其他行星相反。天王星的大部分地区"一年"（约 84 个地球年）之中都有最极端的昼夜长短变化，纬度越高变化越大。中间纬度地区会连续 23 年一直是黑夜，接着好几年似亮非亮，之后又连续 23 年一直是白天，接着又好几年朦朦胧胧，然后进入"永夜"，从连续好多年的全天黑夜到为期几年的有一点蒙蒙曙光，每天 17 小时有昼有夜的日子不长，又进入连续好多年的"永昼"，再经为期几年的黄昏景色和有昼有夜的日子，重新回到全天黑夜，84 年重复一次。

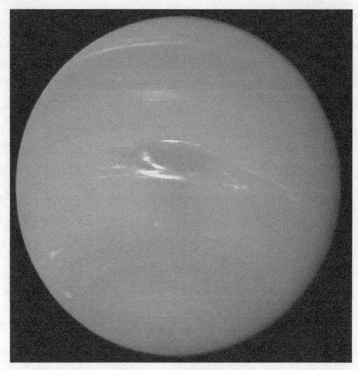

"旅行者 2 号"拍摄的海王星

4.4　太阳系的疆界

八大行星所在的领地，只是太阳系疆界内的一小块核心部位。太阳系的外围疆界远离太阳 10 万天文单位，比海王星轨道（半径 30 天文单位）要远 3300 倍！

国际天文学联合会（IAU）2006 年第 26 届大会决议，重新命名太阳系各类天体：行星（planet）只有八颗；冥王星和少数几个体积较大的小行星被归类为"矮行星"（dwarf planet），它们虽然也近于球形，绕太阳公转，但没有清空其轨道附近的区域；行星（包括它们的卫星）、矮行星之外，其他所有太阳系天体都被归类为"太阳系小天体"（small Solar System Body），包括绝大多数小行星、彗星和位于海王星轨道之外的海外天体（TNO）。

太阳系的物质分布有 6 个层次。第 1 层是水金地火 4 颗类地行星和 3 颗卫星，空间范围 0.39 ~ 1.52 天文单位；第 2 层是小行星带，分布着几千万个以岩石为主要成分的小行星，空间范围 2.17 ~ 3.64 天文单位；第 3 层是木土天海 4 颗类木行星及其 200 多颗卫星，空间范围 5.2 ~ 30 天文单位；第 4 层是以冥王星为首的又一个环带——柯伊伯带（Kuiper belt，以天文学家 Kuiper 的名字命名），拥有 10 亿至 100 亿颗以冰为主要成分的小天体绕太阳公转，空间范围 30 ~ 55 天文单位，其中个别沿狭长轨道来到太阳和地球附近，便成为长尾巴的彗星；第 5 层是太阳风粒子能到达的区域，叫作"太阳风层"，最远到 100 天文单位，笼罩着所有大、小行星和柯伊伯带，呈球状分布，太阳物理学家称这个以太阳为中心的大球为"日球"（heliosphere），这是太阳电磁力场所能到达的范围；第 6 层也是最外一层，在离太阳 1000 ~ 10 万天文单位的区域，叫奥尔特云（Oort cloud，以天文学家 Oort 的名字命名），分布着数千亿颗与柯伊伯带天体类似但质量更小的彗星，以很长很长的周期绕太阳公转，总质量与地球质量相当。所有 6 个层次的各种天体都在太阳引力的控制下，组成"太阳系"这个庞大的群体，太阳系的疆界就是太阳引力所能控制的范围。引力是由质量产生的，太阳虽然只是一个气体球，但它的质量占了太阳系总质量的 99.86%。

1977 年美国发射的旅行者 1 号是人类飞得最远的空间探测器，2023 年已到达离太阳 150 天文单位的地方，但也只是刚飞出太阳风层。就算它能继续长期飞行，速度不减，3 万年内也飞不出太阳系的疆界！

试做一个模型。将大行星们的领地缩为直径 1.2 千米，中央有直径 20 厘米的火球——太阳。大行星们环绕四周：4 个小的在里层，只有毫米大小；4 个大的在外层，也不过是一二厘米的颗粒；里外两层之间，有一圈细碎的小行星粉末，熙熙攘攘，绕太阳旋转。海王星之外是宽约 400 米的柯伊伯带，散落着无数尘埃般的小天体。更外面是直径 4 千米的日球，太阳风粒子在球内凌空飞舞。更远处，奥尔特云像稀疏的冰晶雾霭，延伸直达方圆 4000 千米！假如将此模型放置在我国领土上，那大部分大陆国土都在模型中的太阳系疆界范围之内。

出了太阳系，我们最近的邻居是半人马座比邻星。太阳与比邻星的距离是 4.2 光年，也就是 27 万天文单位。比邻星是三合星的成员（详见 6.4 双星一节），是否也与单星太阳一样有它们自己庞大的外围结构？说不定它们的"奥尔特云"与太阳系的奥尔特云相距不太遥远，甚或相互接壤呢？

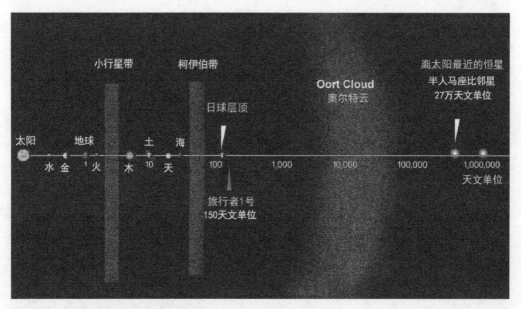

太阳系的疆界示意图（横坐标与距离的对数成比例）

05 | 第 5 章
太阳系外有生命吗

太阳系以外的行星，简称系外行星。人类对目前太阳系内除地球以外的行星都做过近距离探测，它们几乎没有存在生命和文明的希望。太阳系外的像地球这样的行星成为人类探测、追逐的目标，但系外行星探测非常困难，因为它们太过遥远，传送来的电磁波信号太弱了，长时间以来人类几乎没有找到有效方法进行探测。直到 20 世纪七八十年代，天文探测技术的进一步发展才使得我们有可能在这方面得到一些发现。

◯ 5.1 系外行星的探测

迄今为止，系外行星基本上都是采用间接的方法发现的，常用的方法有两种，一种是视向速度变化法，另一种是凌星法。

视向速度变化法

如果恒星有行星，行星绕恒星公转，恒星同时也公转，行星加上恒星就构成一个力学系统，它们有一个公共质心，恒星、行星都绕着公共质心公转。不过恒星转的幅度很小，不容易觉察到。恒星的公转运动表现出视向速度的变化。视向速度就是沿着我们视线方向被测天体在单位时间内的位移。既然恒星有公转，一定有一段时间靠近地球，另一段时间远离地球，表现出视向速度方向和大小的变化。这就会导致出现物理学中的多普勒效应：恒星的光谱线有一段时间波长变长，称为红移；另一段时间波长变短，称为紫移（详细的介绍请见第 6 章）。通过长时间观测掌握了红移、紫移的规律后，就可以推断出恒星在做小范围的公转运动。其原因就是恒星的外围有行星存在，恒星、行星都在绕着公共质心公转，行星太小，我们看不见，但恒星的公转运动被我们观测到了。

凌星法

这种方法类似金星凌日，即金星从太阳表面通过，从地球上看到的情况是一个小黑点从太阳表面飘过，这个黑点就是金星。同样的道理，当我们看遥远的恒星时，如果它有行星转到了恒星前面，也会产生凌星现象，不过因为恒星距我们太远，行星太小，我们看不到这个黑点，但是用现代高灵敏度的测量亮度的仪器，能测量出来恒星的亮度发生了微小变化。是一颗不发光的行星让恒星上多了一个黑斑，恒星的总亮度就会降低。经多轮观测还可以分析出行星有多大，公转运动周期有多长。有了周期，行星到恒星的距离也就知道了。

下图演示的就是凌星法，行星未经过恒星时有一个亮度值，行星到来后恒星的亮度值降低，黑影慢慢走过后，恒星的亮度又恢复正常。通过恒星亮度曲线的下降来判断行星的存在，这就是凌星法的原理。视向速度变化法和凌星法是目前发现系外行星最主要的方法，其他的方法还有微引力透镜效应法，但是这种方法难度更大，发现行星的概率比较小。

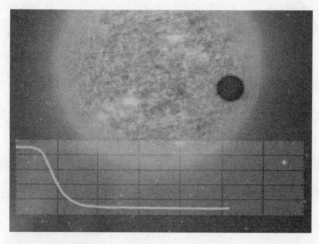

凌星法中恒星的亮度变化

明确测定的系外行星

第一颗明确测定的系外行星是 1995 年 11 月由瑞士天文学家马约尔（M.Mayor）和奎洛兹（D.Queloz）通过视向速度变化法发现的。这颗行星所在的位置是飞马座，它的恒星是飞马座 51。该行星被命名为飞马座 51b，它的质量比太阳系中的木星的质量还要大。所有系外行星的命名都是在恒星名称的后面缀以小写的 b、c、d、e 等（依行星到恒星的距离排列）而构成的。马约尔和奎洛兹长期在发现系外行星方面合作，取得多次重大成果，二人在 2019 年获得诺贝尔物理学奖。

截至 2023 年 10 月 19 日，据 NASA 的网页公布：全球已确认发现的系外行星有 5528 颗，其中由凌星法发现 4125 颗，由视向速度变化法发现 1066 颗，由微引力透镜效应法等方法发现 204 颗，直接成像的有 69 颗，使用其他方法发现 62 颗。能够直接成像的是极少数，是用口径很大的望远镜通过特殊技术拍到的。

左下图中的红色天体是半人马座 2M1207b，蓝色的是它的恒星 2M1207。2M1207b 离地球 52.75 秒差距（秒差距是天体距离的单位，详见 6.1 节）约合 172 光年。天球上 0.778 角秒的角距，在 52.75 秒差距的距离上相当于 0.778×52.75=41 天文单位的直线距离，质量是木星的 4 倍左右。照片是由欧洲南方天文台（European Southern Observatory, ESO）设置在南美洲的 4 台 8 米口径的甚大望远镜 ESO-VLT 综合观测拍到的，于 2004 年公布。

右下图是 GQb，它位于豺狼座，距离地球约 456 光年，质量比木星大 21 倍左右，也是由 ESO-VLT 拍到的，于 2005 年公布。图中 b 是行星，A 是它的恒星。

比例尺0.778角秒在52.75秒差距
距离处相当于41天文单位

半人马座 2M1207b

豺狼座 GQb

右图是 SCR1845-6357b，它位于孔雀座，距离地球约 12.6 光年，离我们比较近，它的直径有木星的 8.5 倍左右，于 2006 年公布。图中的小蓝点是行星。

孔雀座 SCR1845-6357b（ESO 发布）

下图中大恒星右上方的小亮点是行星 CTb，它位于蝘蜓座，距离地球约 538 光年，质量比木星大 17 倍左右，于 2008 年公布。

蝘蜓座 CTb（ESO 发布）

右图是绘架座的恒星绘架座 β 和它的行星绘架座 βb。这张照片采用特殊技术屏蔽了恒星的最亮部分，拍到了近处的行星和更远处的尘埃盘。这颗行星的质量比木星大 8 倍左右，距离我们约 63 光年，图中的土星轨道大小起参考比例尺的作用。这也是由 ESO-VLT 拍摄的，说明有的恒星周围有尘埃盘。

尘埃盘也许是形成行星的前期物质，太阳系里现在还没有发现尘埃盘。恒星的尘埃盘与行星的关系还有待于进一步研究。

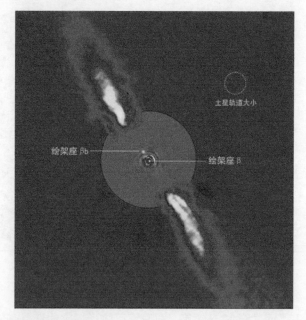

绘架座 β 和绘架座 βb

2014 年 10 月 22 日 ESO 发布了更新的绘架座 β 照片，ESO-VLT 拍到了 2003 年和 2009 年相隔 6 年的两张行星照片，给出了系外行星的轨道踪迹。图中的 0.5″ 为天球上的角距离的比例尺，在绘架座 β 63 光年的距离上，0.5″ 大约相当于土星轨道半长径 9.66 天文单位。

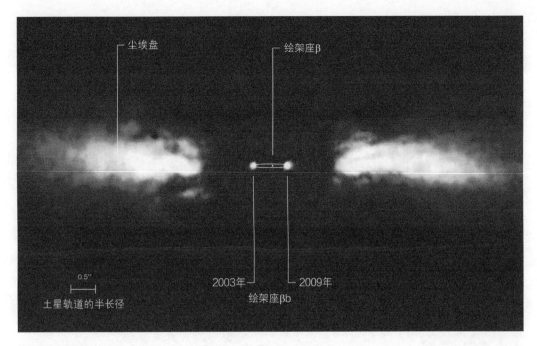

尘埃盘 　　　　绘架座 β

0.5″
土星轨道的半长径

2003年　　　　2009年
绘架座 βb

绘架座 βb 新照

下图是一张多行星的照片，它们的恒星是飞马座 HR8799，离我们约 128 光年，它拥有 3 颗行星 HR8799b、HR8799c、HR8799d，也就是照片上的 3 个小暗点。照片是由美国的凯克 10 米口径望远镜于 2008 年拍摄的，画面右下角为该图的比例尺，根据这个比例尺可知行星离它的恒星有多远。中间一团模糊的彩斑是恒星，用特殊的蝇眼技术减低了恒星的亮度，这才显现出了周围的 3 颗行星。

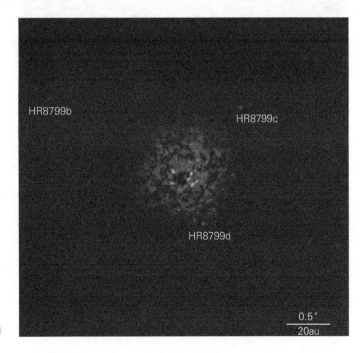

HR8799b 　　　　　　　　　　HR8799c

HR8799d

0.5″
20au

飞马座 HR8799 的
3 颗行星 HR8799b、
HR8799c、HR8799d

　　下图是由哈勃空间望远镜拍摄的北落师门系外行星的照片，是曾经轰动世界的一张照片。照片上标注了行星北落师门 b 所在的位置，右下角放大的照片是北落师门 b 轨道上的两个点位。2004 年、2006 年分别拍到它的位置有移动，这是人类望远镜首次拍到一颗系外行星在轨道上运动时所处的两个位置。北落师门星是我国古代认定的黄道上 4 颗著名的亮星之一（另外 3 颗分别是毕宿五、心宿二和轩辕十四），它好像鱼嘴上的一粒珠子，因此又被西方人称为南鱼座 α（αPsA）。北落师门距离地球约 25 光年，它旁边的系外行星就是北落师门 b。图中左下角给出的是比例尺：在北落师门的距离处，13 角秒相当于 100 天文单位。

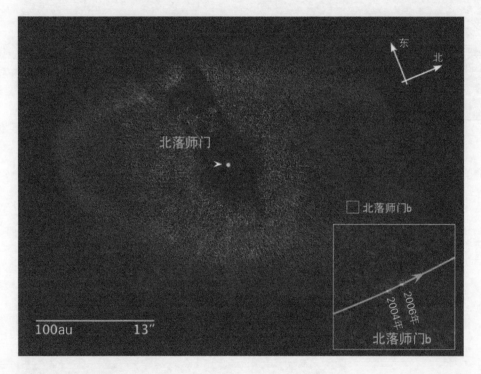

北落师门 b 的轨道运动

　　2013 年 1 月 8 日，哈勃空间望远镜又公布了北落师门 b 公转运动的新照，增加了 2010 年和 2012 年的两个轨道位置。

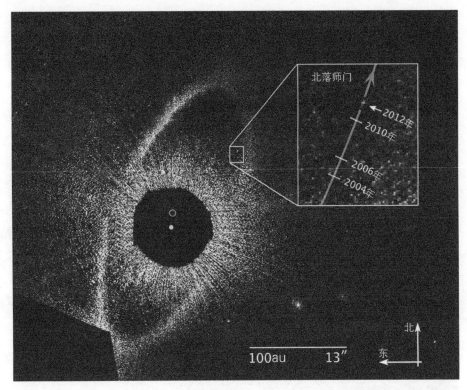

北落师门b 的轨道运动新照

☉ 5.2 开普勒探测器的成果

　　开普勒探测器是美国于 2009 年 3 月 7 日发射的，以德国天文学家开普勒（Kepler）的名字命名，专门用于寻找系外行星，又名开普勒飞船。

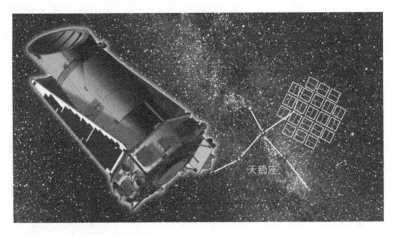

开普勒探测器及其瞄准的天空区域

开普勒探测器观测区域的放大图

开普勒探测器专门观测织女星与天津四之间的一小片天区，目的是发现这块天区里的系外行星，特别是类似地球大小的行星。

因为地面望远镜发现的系外行星都很大（很多都比木星还大），且没有生命存在的可能性，所以开普勒探测器的任务就是追寻大小与地球差不多的系外行星，具体目标是找到45颗以上直径小于1.3倍地球直径的系外行星。开普勒探测器瞄准的天区虽然范围不大，但是视野深度能达到3000光年，在此范围里亮度超过14等的恒星多达22.3万颗，而且没有太亮的恒星造成干扰。比14等更暗的星开普勒探测器就观察不到了。

开普勒探测器的主镜口径为1.4米，比哈勃空间望远镜稍微小一点。它的视场面积是105平方度，由42片每片高达2200像素×1024像素的CCD（Charge Coupled Device，电荷耦合器件）大规模集成电路构成。开普勒探测器通过凌星法发现系外行星。因为观测目的不是拍照，不在乎成像是否清晰，只需注意提高光度精度，所以开普勒探测器视场宽大许多。开普勒探测器位于地球绕太阳的轨道上，离地球一段距离运行，设计寿命为6年。

2012年2月27日，开普勒探测器已发现候选行星2321颗。右图是由开普勒探测器网站公布的情况，球体代表恒星，而恒星表面的小黑点代表它的行星。

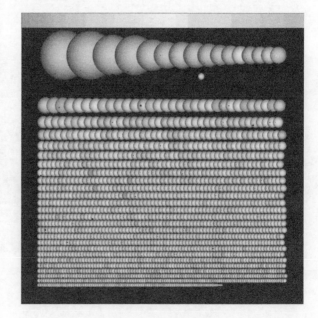

开普勒探测器发现的系外行星和它的恒星

第二行那颗孤立的恒星代表太阳，是为了对比大小而画在这里的。局部放大以后，我们能看到太阳上的两个小黑点，大的代表木星、小的代表地球，由此可见地球是多么的渺小，开普勒探测器的任务就是要找到体量这么小的系外行星。

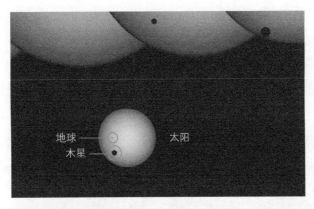

局部放大的太阳、木星和地球

开普勒探测器发现的系外行星

下图用彩色的球体来展示 9 颗有代表性的系外行星，并与地球和木星进行大小比较。图中上面一排字符是行星的名称，排第一的叫 Kepler-7b，也就是开普勒探测器发现的第 7 号恒星的行星。图中下面一排字符表示的是行星的半径是地球半径（用 R_E 表示）的多少倍，最小的 Kepler-10b 的半径是地球半径的 1.42 倍左右。

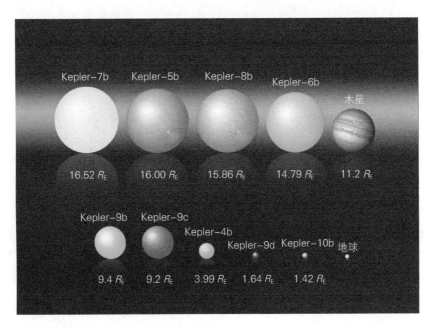

9 颗系外行星跟地球、木星大小的比较

另外还有几颗比较引人注目的开普勒行星，属多行星系统。如 Kepler-11 有 6 颗行星，分别被命名为 Kepler-11b、Kepler-11c、Kepler-11d、Kepler-11e、Kepler-11f、Kepler-11g。类似于太阳系，这 6 颗行星都绕着同一颗恒星转，这颗恒星位于天鹅座，它的质量、温度、大小都与太阳差不多，所以叫作类太阳恒星，离地球约 2000 光年。

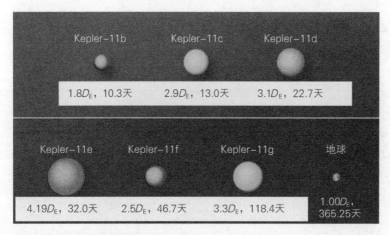

Kepler-11 的行星与地球的直径和公转周期做对比

它的 6 颗行星都比地球大，上图中前面的数字是 6 颗行星的直径与地球直径的比值，后面的数字是这些行星的公转周期（都小于地球的公转周期）。行星的公转周期越短说明它离恒星越近，离恒星越近温度就越高。这些行星的温度比地球的高多了，几乎不可能存在生命。

Kepler-11 行星组成的系统与太阳系相比较，显然行星离恒星太近了。下图中的太阳系只标注了水星、金星的位置，而 Kepler-11 的 6 颗行星挤在比水星轨道略大一点的空间，这说明它的系统中根本不可能有生命存在，因为行星的公转周期太短，只有 10 ~ 118 天。

第二个例子是 Kepler-20，这颗恒星位于天琴座，类似太阳，离我们约 958 光年。它也有 5 颗行星，其中 Kepler-20e 和 Kepler-20f 的大小接近地球。Kepler-20e 的直径是地球直径的 87% 左右，公转周期约为 6.1 天。它离恒星太近了，温度高达约 760 摄氏度，这样的行星几乎不可能有生命存在。

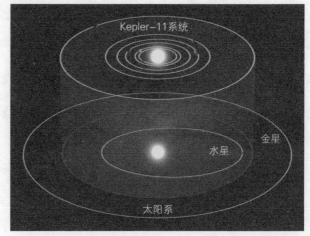

Kepler-11 系统和太阳系的对比

Kepler-20f 的直径是地球直径的 1.03 倍左右，公转周期约为 19.6 天，表面温度高达约 427 摄氏度，也不可能存在生命。

再看 Kepler-9，它类似太阳，有 3 颗行星 Kepler-9b、Kepler-9c、Kepler-9d，距离地球约 2090 光年。Kepler-9b 的直径是地球直径的 9.4 倍左右，Kepler-9c 是 9.2 倍左右，Kepler-9d 是 1.6 倍左右。Kepler-9d 的大小倒是接近地球，但它的公转周期只有约 1.6 天，表面温度极高，没有生命存在的可能性。

Kepler-22 和它的行星 Kepler-22b：恒星类似太阳，距离地球约 638 光年。Kepler-22b 的直径是地球直径的 2.38 倍左右，公转周期接近地球，大约是 289.9 天，它的温度可能比较适合生物生存。Kepler-22b 的具体情况，目前人们还没有掌握。

在行星与恒星之间的一定距离范围（因恒星表面温度的高低而不同）之内，具有适合生物存活的条件，这一区域称为宜居带。如果行星上有液态水，有海洋，大气层还与地球类似，有充分的氧气，就可能有生命存在。

Kepler-20f 想象图

Kepler-9、Kepler-9b 和 Kepler-9c 想象图

Kepler-22b 与太阳系行星的比较，绿色区域表示宜居带

2013 年 1 月 8 日，开普勒探测器发布了分属于 2036 颗恒星的 2740 颗候选行星，以及它们的半径和公转周期的分布图。横坐标表示公转周期，它决定了行星离恒星的距离和表面温度，越靠左表面温度越高。纵坐标表示行星的半径，以地球半径等于 1 为标准，越靠上半径越大。不同颜色代表各自的发现时间。右边 3 颗参照行星从上到下分别是木星、海王星和地球。从 2740 个点在图上的分布情况可以看出：这些系外行星不是太大就是公转周期太短；半径与地球半径相当、公转周期又接近 360 天的系外行星，应该落在图中右下角的白色圆圈里，然而竟然一颗都没有。

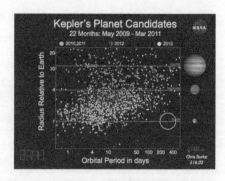

2013 年 5 月 15 日开普勒探测器出现反应轮故障，不能再继续定向拍摄天体。2013 年 8 月 18 日，NASA 宣布开普勒探测器原定的探索任务终止。但是开普勒探测器曾经获得的大量资料还将继续用于分析研究。

2740 颗开普勒候选行星的半径大小和公转周期分布

2015 年 7 月 23 日，NASA 宣布开普勒探测器共搜寻出 4696 颗候选行星，其中有 12 颗直径小于 2 倍地球直径，并位于恒星宜居带中，它们分别是 452b、442b、155c、235e、62f、62e、283c、440b、438b、186f、296e、296f。

对这 12 颗系外行星，我们着重介绍一下各拥有 5 颗行星 b、c、d、e、f 的 Kepler-62 和 Kepler-186。Kepler-62 的质量只有太阳的 69% 左右，它的光谱型为 K 型，与太阳不同。5 颗行星中 Kepler-62e 的直径是地球直径的 1.61 倍左右，公转周期约 122.4 天，

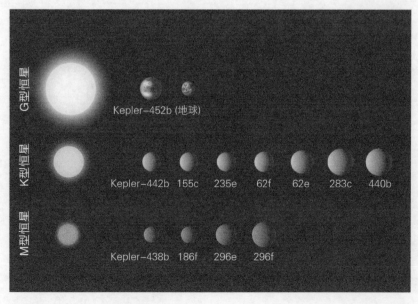

12 颗最接近地球大小的开普勒系外行星

Kepler-62f 的直径是地球直径的 1.41 倍左右，公转周期约 267.3 天，可能位于恒星的宜居带中。Kepler-186 的质量只有太阳的 54% 左右，它的光谱型为 M 型，也与太阳不同。它距离地球约 561 光年，它的 5 颗行星的直径分别约为 1.07、1.25、1.4、1.27、1.17 倍地球直径，公转周期分别约为 3.89、7.27、13.34、22.41、129.9 天。其中 Kepler-186f 可能位于恒星的宜居带中。

Kepler-62 行星系统与太阳系的对比

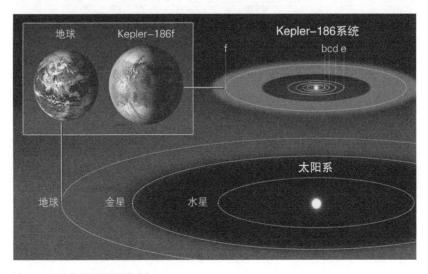

Kepler-186f 与太阳系行星的对比

　　这 12 颗系外行星中，最突出的是 Kepler-452b，它一经公布，迅即在网络上被热议为人类发现的"另一个地球"。Kepler-452b 的恒星 Kepler-452 光谱型和太阳一样，同属 G2 型，这说明它的表面温度和其他物理性质与太阳属同一类型。它的直径只比太阳的直径大 10% 左右，年龄和质量都与太阳相当，距离太阳约 1400 光年。Kepler-452b 的直径约为 1.6 倍地球直径，绕 Kepler-452 的公转周期约为 385 天，非常接近地球的公转周期，应位于恒星的宜居带里。Kepler-452 是否还有别的行星目前还不知道。Kepler-452b 虽然位于宜居带内，但其是否有固体硬壳、表面是否有足够量的液态水、是否有合适的大气层……这些方面的考察目前还无法进行。在其上是不是真的有生命存在还很难说。有人想象，如果 Kepler-452b 上真有"外星人"，我们地球人就可以与他们通信联络了。想象虽然美好，现实却不可能。因为 Kepler-452b 离我们约 1400 光年，信号往返一次需要大约 2800 年的时间。即使在孔子在世的时候地球人向其发出信息，对方收到后立即回复，那信号目前仍在路上，还没有到达我们这里。何况孔子时代地球人还完全没有向天空发送信号的能力。

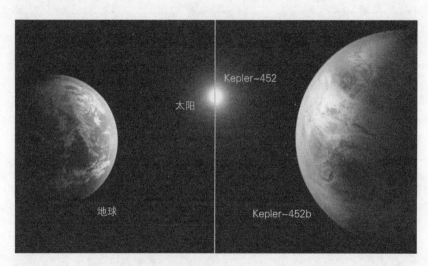

Kepler-452、Kepler-452b 与太阳、地球的比较

第 6 章
恒星、主星序和双星

06

暗夜晴空，繁星闪烁，满布苍穹，它们除少数几颗行星之外，大都是和太阳一样巨大而炽热的恒星，只是因为距离遥远才显得只有点点寒光。天文学家通过研究恒星的亮度、温度、质量、距离、光谱等物理性质，进而了解我们所处的这个神秘的宇宙。

★ 6.1　恒星有多亮

恒星的亮度

恒星的亮度即恒星明亮的程度。古希腊天文学家依据肉眼所见来判断恒星的亮度，大致将其分为 1 ~ 6 等，最亮的星是 1 等星，最暗的星是 6 等星。

现代天文学沿用古希腊的方法，用星等（这里指视星等，是从地球上观测到的天体的星等）描述恒星的亮度，只是把它科学化、精确化了，通常用一个带有正负号的数字来描述，这个数字称为星等数。星等数符合数学公式：

$$m = -2.5 \lg E$$

m 就是星等，E 就是相对亮度值，$\lg$ 表示以 10 为底的对数。负号遵循古希腊人的习惯，星等值越小，星越亮。从公式可得：

$$E = 10^{-0.4m}$$

当 $m=0$ 时，$E=1$，也就是说把 0 等星的亮度值作为亮度的单位值。历史上，人们选定的标准 0 等星是织女星，并测出织女星的物理亮度为 2.54×10^{-6} 勒克斯。后来更精确的测量发现，织女星的亮度略低于这个标准，于是修改织女星的星等为 0.03，维持既定的标准 0 等星的物理亮度值。如果知道一颗星的星等数 m，就可以算出它的 E 值，再乘 2.54×10^{-6}，就可以得到它的物理亮度是多少勒克斯。

从星等与亮度公式可以推导出两颗星的亮度比：

$$E_2/E_1 = 10^{0.4(m_1-m_2)}$$

如果 $m_1-m_2 = 1$，则 $E_2/E_1 = 2.512$；

如果 $m_1-m_2 = 5$，则 $E_2/E_1 = 100$。

相差 1 个星等，亮度不是相差 1 倍，而是低星等值恒星亮度是高星等值恒星亮度的 2.512 倍；相差 5 个星等，低星等值恒星亮度是高星等值恒星亮度的 100 倍。古希腊天文学家认定的 1 等星的亮度是 6 等星的 100 倍。

已知两颗星的星等值，可以计算它们的亮度比。例如已知夜空中最亮的恒星天狼星的星等是 $m_2=-1.45$，北极星的星等是 $m_1=+2.12$。代入公式可以算得：$E_2/E_1=26.8$，即天狼星的亮度是北极星的 26.8 倍。

秒差距

天文学中有一个重要的距离单位秒差距（符号是 pc）。地球沿着固定的轨道绕太阳公转，地球到太阳的平均距离是 1 天文单位（符号是 au）。设想远方有一颗恒星，它离太阳的距离是 D，那么该如何描述 D 呢？

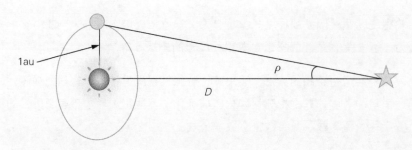

距离单位秒差距的定义

图上的三角形是由地球、太阳和远方的恒星所组成的，如果从恒星的角度来看，地球与太阳之间的夹角用希腊字母 ρ 来表示，也叫视差角，单位是角秒。显然恒星越远视差角越小，恒星越近视差角越大。秒差距根据视差角来定义。当视差角 ρ 等于 1 角秒时，距离就是 1 秒差距。我们利用三角函数知识可以得出下列公式：

$$D = \mathrm{au}/\tan\rho$$

当角度很小时，可以用角度本身的弧度值代替角度的正弦值或正切值，于是有

$$D = \mathrm{au}/\rho\,[\text{弧度}] = 206265\mathrm{au}/\rho\,[\text{角秒}]$$

206265 是 1 弧度相当的角秒数。据秒差距的定义，当 ρ =1 角秒时，D=1 秒差距，显然有：

1 秒差距 = 206265au ≈ 3.26 光年

在很多情况下，对于遥远的恒星，我们通过测量视差角得出其距离，如果视差角为 ρ 角秒，则距离 D =1/ρ 秒差距，计算非常方便。实际上恒星距我们都非常遥远，它们的视差角都小于 1 角秒。离太阳最近的恒星半人马座比邻星，视差角约为 0.772 角秒，它与我们的实际距离大约是 1.3 秒差距≈ 4.22 光年。它的星等数大概是 11 等，用肉眼是看不到的，只能用比较大的望远镜才能看到。

离太阳最近的恒星——半人马座比邻星，2013 年 11 月 1 日 NASA 发布

恒星的真亮度

天上那么多恒星，有的很亮，有的很暗，但是看起来亮和暗的程度并不是它们的真实亮度，我们称为视亮度。举例来说，天狼星是夜空中最亮的恒星，前面计算过天狼星的亮度是北极星的 26.8 倍左右，但是其实它并不是真的那么亮。因为天狼星距我们比较近，而北极星很远，如果放到同一距离处，北极星要比天狼星亮 100 多倍。所以要比较两颗恒星的真实亮度，就必须将其放在同样的距离上。天文学中约定了一个标准距离 10 秒差距，即假定把所有恒星都放到 10 秒差距处，再来比较它们的亮度，这样得出的亮度叫作真亮度。这时它的星等叫作绝对星等。从绝对星等就可以得知恒星的真亮度。天体在宇宙当中的距离差别很大，我们不可能搬动它们，所以真亮度和绝对星等要通过一些距离测量的手段和数学计算才能够获得。计算绝对星等和视星等的重要公式如下：

$$M=m+5-5\lg D$$

M 代表绝对星等，m 代表视星等，lg 代表以 10 为底的对数，D 代表距离，注意 D 一定要以秒差距为单位。

真亮度 E 与绝对星等 M 的关系仍然满足以下公式：

$$M = -2.5\lg E,\ E = 10^{-0.4M}$$

太阳也是一颗恒星，因为它离地球最近，所以非常明亮。太阳的视星等达到 −26.74，

几乎没有别的天体能够超过它的亮度。但是如果把太阳拉到 10 秒差距处，它的绝对星等就只有 +4.83，接近视星等为 5 等星的亮度，这样的恒星要在天空条件特别好的时候才能用肉眼看到。由于现代都市的灯光干扰和大气透明度下降等因素造成的光污染，天上的暗星就更加难看到了，看到 5 等星非常不易，因此看起来最亮的太阳，从它的绝对星等来看也只是一颗肉眼几乎看不见的小暗星。

◉ 6.2　恒星光度和光谱测量

这里说的恒星光度是指恒星的发光能力。古希腊时期，人们主要靠肉眼的主观判断把星星的亮度粗略分成几等，到了现代，天文学家运用精密的仪器设备来进行恒星光度和光谱的测量。

天文知识小卡片

恒星的光度通常定义为恒星真实亮度与太阳真实亮度的比值，是一个没有单位的量。光度描述的是恒星的真实亮度是太阳真实亮度的多少倍或者是多少分之一。但在有的场合，恒星的光度也用恒星在单位时间内辐射的总能量来表示（单位为千瓦）。

恒星的光度测量

恒星的光度测量就是指用天文望远镜和测量光度的仪器来测量恒星的视亮度。曾经广泛使用的方法是照相测量法，就是把特制的玻璃底片放到望远镜的焦面上，经过拍照和冲洗之后，得到白色玻璃底片上许多黑色的恒星像点，黑的程度称为密度，星越亮密度越高。再通过被称作显微密度计的仪器精密测量，就可以得出恒星的视亮度。

20 世纪 60 年代以后出现新技术：用一种二维阵列式光敏电荷存储器件（Charge-coupled Device，CCD）取代照相底片，用电子数字方式直接读出与恒星光照强度相应的电荷数，达到测光的目的。量子效率（即到达接收器的所有光子中能被利用的部分所占的比率）比照相法提高几十倍。时至今日，因天文探测需要而发明的 CCD 技术，不仅在天文领域完全取代了照相底片，广泛应用于对天体的拍照，而且迅速扩展到许多其他领域，如民用的数码相机、摄像机等，就连生产天文底片和黑白、彩色胶卷的柯达公司等垄断企业也都停产倒闭了。CCD 技术的发明者，两位美国科学家荣获 2009 年诺贝尔物理学奖。

恒星光度的应用

恒星距我们那么遥远，我们用什么办法知道恒星表面温度有多高呢？通过测量光度可以得出可靠结果，测量依据是物理学中著名的维恩位移定律：

$$\lambda_{\max} = bT^{-1}$$

公式中的 b 是维恩常量，T 是恒星表面温度（以开为单位），$\lambda_{\max}$ 是通过对恒星不同波段光的光度测量（也叫分光光度测量）找出来的发出最强光度的光的峰值波长（常用的是 ubv 三色测量，其中，u 代表紫外波段，b 代表蓝光波段，v 代表黄绿光波段）。通过维恩位移定律可计算出恒星表面温度。

下图给出了 3 颗恒星分光光度测量的结果。左边紫色的是角宿一，根据它的峰值波长值 $\lambda_{\max}$，计算出它的表面温度是 23000 开。中间黄色的是太阳，表面温度是 5800 开。最右边橙红色的是心宿二，表面温度只有 3400 开。

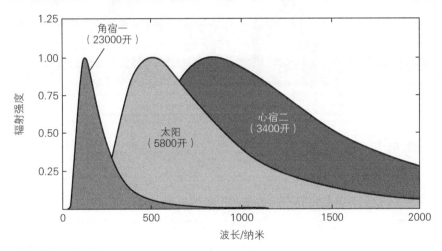

维恩位移定律的应用

再进一步使用斯特藩 – 玻尔兹曼定律：

$$M = \sigma T^4$$

M 是恒星表面单位面积单位时间辐射出的所有频率的能量，这个值通过将 T（前面计算的温度）代入上述公式可得。通过这样的例子就可以明白天文学家为什么要采用各种各样的技术对恒星进行光度测量了。

恒星的光谱和分光测量

在可见光范围内，不同波长的光带给人们的视觉感受是颜色不同（红、橙、黄、绿、青、蓝、紫）。红光波长较长、频率较低，紫光波长较短、频率较高。各种频率的光混杂在一起，造成各种颜色的混合，给人眼的感受是光没有颜色，称为白光。如果某种频率的光占的比重较大，混合光就偏显该频率光的颜色。太阳光是稍微偏一点黄色的白光。一些恒星明显偏向某种颜色，那是该种颜色光的辐射强度较高的缘故。

　　光通过两种不同介质的界面时会产生折射，频率不同，折射率便不同。当太阳光（图中用手电筒代替）通过一块玻璃三棱镜时，由空气—玻璃—空气两次界面的折射，多种频率的光混合在一起形成的白光就被分成了多种颜色的彩带，这条彩带按红、橙、黄、绿、青、蓝、紫的顺序，也就是从长波到短波的顺序排列，称为光谱。经物理学家更精细的实验，发现在彩色的光谱带中还有一条条黑色或更亮的细线，称为光谱线。

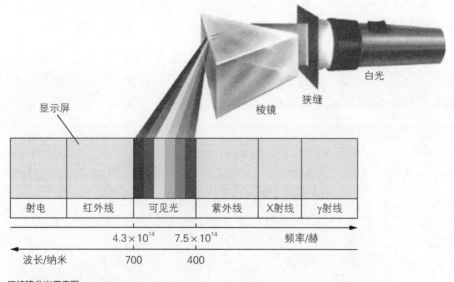

三棱镜分光示意图

　　恒星的分光测量就是指用科学的方法把恒星的光通过分光后得到光谱和光谱线，从而认定恒星物质的成分、含量、分布、压力等。天文学家最初将三棱镜放在望远镜物镜前端，分光后得到恒星的光谱和光谱线。后来因为三棱镜不能做得太大，改成将更先进的摄谱仪放置在望远镜聚焦后的焦平面上，聚焦后的恒星的光通过光栅展现出恒星的光谱和光谱线。光栅是一片光洁度极好的平板玻璃，刻有均匀分布的一条条刻线，密度达到 1 毫米数百甚至上千条刻线，有极高的制造难度。因为恒星的光或广义的电磁波辐射从遥远的宇宙空间传送过来，已经衰减得非常微弱，分光测量又使能量进一步分散，所以如果没有大口径望远镜配上高品质光栅，很难获得清晰的恒星光谱和光谱线。20 世纪 80 年代，人们将激光全息干涉技术与微电子学的光刻工艺技术相结合，制作出"全息光栅"，极大地提高了光栅的品质，成本也大幅度降低。20 世纪 90 年代又出现一种新的"阶梯光栅"，在光谱技术和天文学研究中获得重要应用。现在还应用了光导纤维技术，将望远镜视场中许多恒星的光，通过光导纤维分散传送到多台摄谱仪上，可以同时批量获得恒星的光谱。中国科学院国家天文台位于河北兴隆的郭守敬望远镜（LAMOST）是全世界拍摄光谱效率最高的地面光学望远镜，2019 年 3 月已发布 7 年来观测到的光谱信息 1125 万条，是全世界同期其他望远镜光谱信息总数的两倍。

　　根据维恩位移定律，恒星的电磁波辐射有一个峰值波长，不同波段的辐射强度是不同的。这反映在光谱上，就表现为不同波段光谱的明亮程度不同，峰值波长附近光谱最为明亮。在可见光范围内，表面温度最高的恒星，最亮处在光谱的蓝紫色一端；表面温度较低的恒星，最亮处在光谱的红橙色一端；中等温度的恒星，最亮处在黄绿色区。下面这两张图是许多不同类型的恒星的光谱实例，第二张图中有好几十个彩色小横条，每一个来自一颗恒星，有着各不相同的光谱最亮区域，竖直的虚线标示的是一些重要的原子谱线。

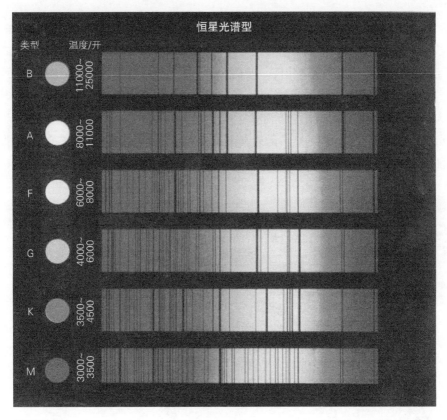

恒星光谱实例

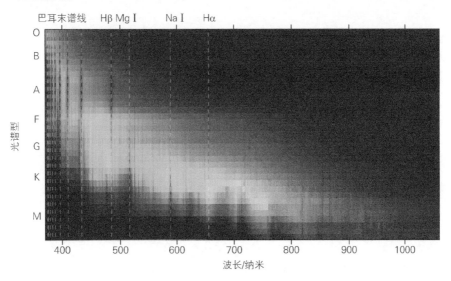

许多不同类型的恒星的光谱比较

⊙ 6.3　光谱型与主星序

视向速度的测量

　　恒星沿着视线方向靠近或者远离我们，它的运动速度测量叫视向速度测量，测量依据是物理学中的多普勒效应。天文学家利用光波的多普勒效应测量恒星的视向速度。当恒星离我们远去时，它的光谱线频率降低，波长变长，天文学上称为红移；当恒星靠近我们时，它的光谱线频率提高，波长变短，天文学上称为紫移。因为红光是可见光中波长最长的，紫光是波长最短的。通过这种方法可以测量出恒星在视线方向是靠近还是远离我们，再通过公式可以计算出运动的速度。如果光谱线没有任何偏移，那么说明它在视线方向没有运动。这就是视向速度测量的方法。

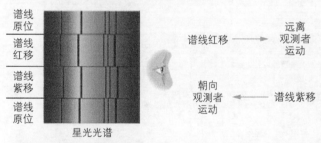

多普勒效应与恒星视向速度

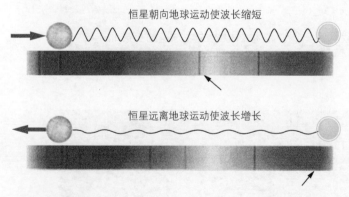

多普勒效应示意图

光谱型

　　不同的恒星表现出各不相同的光谱。光谱型是恒星的温度分类系统。天文学上通用的哈佛分类法把恒星的光谱分成 100 种类型，标识的方法就是取用 10 个字母（O、B、A、F、G、K、M 加上 3 个亚型 S、R、N），每一个字母后跟 0 ~ 9 中的一位数字。天文学家通过望远镜分光的方法得到恒星的光谱，对照哈佛分类法的分类标准型就可以确定恒星的光谱型。

哈佛分类法中的字母实际上是依据恒星表面温度排列的，最左边的 O 型星代表恒星表面温度最高（可以达到 4 万开），B型星的温度降到 2.5 万开以下。太阳属于G2 型，它的表面温度是约 5800 开。表面温度的不同也表现为颜色的不同，大体上根据表面温度由高到低，颜色按照蓝色、

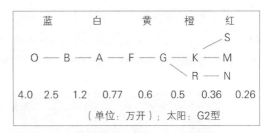

光谱型的分类与恒星表面温度的关系

白色、黄色、橙色、红色的顺序排列。表面温度比较低的星，光谱型属于 M 型或它的亚型 S 型、N 型，颜色偏红，表面温度比较高时颜色就变为橙色、黄色、白色、蓝色，越靠左边温度越高，这就是光谱型和温度、颜色之间的关系。

光谱型的分类与恒星表面颜色的关系

赫罗图

赫罗图是依据恒星的光谱型和光度建立的天文学上重要的图，又称为光谱－光度图。在一个平面直角坐标系上，横坐标为光谱型，也体现了恒星表面温度，越靠左边温度越高，越靠右边温度越低。纵坐标是恒星的光度，也就是恒星真实的亮度，通常用绝对星等表示，越靠上恒星越亮，越靠下恒星越暗。"赫罗"指两位天文学家：丹麦的赫茨普龙（E.

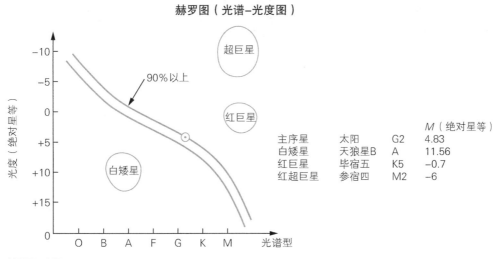

赫罗图示意图

Hertzsprung）和美国的罗素（H.N. Russell）。他们对上万颗恒星做了光谱和光度测量，然后画出了相应的光谱 – 光度图，结果发现 90% 以上的恒星集中在图左上到右下的区域里，这个狭窄区域就被称为主星序，也就是绝大多数恒星所在的序列。

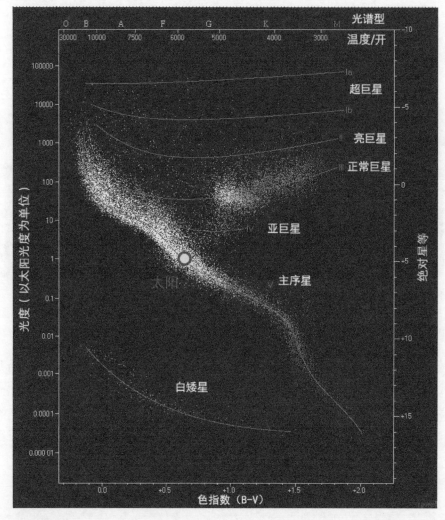

真实的赫罗图

天文知识小卡片

　　天文学家发现，恒星在不同波段中亮度的差异有特殊的规律：用 U 表示在紫外波段 350 纳米处的星等数，B 表示在蓝色波段 440 纳米处的星等数，V 表示在黄绿色波段 550 纳米处的星等数，将 B–V 或 U–B 称为该恒星的色指数，色指数直接与恒星的温度和光谱型相关，所以在上图的上端列出了恒星的温度和光谱型，下端列出了恒星的色指数（ B–V ），它们有相互对应的关系。

主星序

主星序展示了绝大多数恒星表面温度和光度之间的关系：温度越高光度越大，温度越低光度越小。位于主星序中的这些恒星就叫作主序星，不在主星序中的恒星叫作非主序星。不同的恒星在不同的位置，可以清楚地看到它们的光谱型和光度的关系。几乎所有肉眼能见到的恒星都是主序星，只有少数又红又亮的星除外。太阳的光谱型为 G2，光度为 1，是一颗非常标准的主序星。

夜空中最亮的恒星是天狼星，它有一颗伴星天狼星 B，它的光谱型是 A 型，表面温度比较高，但它的光度用绝对星等表示只有 11.56，是很暗的一颗星，这颗星不是主序星，属于特殊区域的白矮星。"白"是指它的温度偏高，颜色发白；"矮"是指它的光度比较小，是"矮个子"。另外一类以毕宿五为代表，毕宿位于金牛座，其中又红又亮的星叫作毕宿五（金牛座 α），它的光谱型是 K5 型，温度很低。按照规律，温度越低，光度应越小，但是它的光度却很大，绝对星等达到 −0.7，说明这颗星不是主序星。它位于赫罗图上另外一个特殊的区域，被称为红巨星，就是颜色发红，但是光度很大的星。颜色红说明表面温度低，表面温度低本应该很暗，毕宿五却特别亮，原因是它的体积特别大，它的直径是太阳直径的 40 倍左右，所以叫作红巨星。

更突出的一类叫作红超巨星，以参宿四为代表。参宿四位于猎户座，它的光谱型是 M2 型，绝对星等为 −6，是一颗明亮的大红星。参宿四温度低，但是非常亮，原因就是它的直径是太阳直径的 900 倍左右，体积相当于大约 7 亿个太阳。如果把它搬到太阳的位置，那么水星、金星、地球、火星统统都要装进它的"肚子"里。近些年天文学家发现参宿四的亮度有些起伏，有人猜测它是否已达到超新星爆发前的状态。不过天文学家估计，那也是 1 万至 10 万年以后才会发生的事。参宿四距离地球约 600 光年，一旦爆发，也要等 600 年后地球上才能看到。

主序星的物理性质

主序星最主要的物理性质就是能量来自氢原子核聚变为氦原子核的热核反应。凡是主要以这种方式产生能量的恒星就是主序星，它的物理状态处于热动平衡状态。

所谓热动平衡指的是热力学的平衡和动力学的平衡。恒星的热力学的平衡是指它的任何反应所产生的能量和它以辐射的方式损失的能量大体相当。动力学的平衡是指恒星各处的物质所受的力，一个是由质量而生的引力造成的向心力，另一个是由热核反应产生的离心力，这两个力相平衡。当恒星的热力学和动力学都处于平衡状态时，它就属于主序星。它的质量、光度、体积和光谱特性等方面都处于稳定平衡的状态，几乎没有变化。

大量对主序星的统计研究发现，恒星的质量与光度之间存在质光关系。对于主序星而言，它的光度与质量的 3.5 次方或 4 次方成正比，也就是说质量越大的恒星，光度就越大。

光度超大的恒星，损耗的物质也很多，致使恒星的寿命缩短。以太阳为例，太阳是一颗光度低、质量小的恒星，寿命大概是 100 亿年左右。如果某颗恒星的质量是太阳质量的 15 倍，那么它的寿命就只有 1500 万年左右。如果某颗恒星的质量只有太阳质量的 1/2，那么它的寿命将长达 2000 亿年左右。可见恒星质量的大小影响恒星的光度，更影响恒星的寿命，这是恒星一个非常重要的物理性质，与地球上的生物相比差别很大。比如人类也有质量、寿命，但是不存在体重越重寿命越短这样的规律，而恒星这种规律却很明显，质量越大寿命越短，质量越小寿命越长。

银河系内质量最大的恒星仙后座 HD15558

恒星的质量有一定的分布范围。在银河系中，中小质量的恒星占绝大多数，质量超过 $8.5M_\odot$（$M_\odot$ 表示太阳质量）的只占 9%。通常认为恒星的质量最大不超过 $150M_\odot$，最小不低于 $0.08M_\odot$。现在已知银河系内质量最大的恒星是仙后座 HD15558，位于 IC1805 星云（也叫心脏星云）中央的星团中，质量约为 $152M_\odot$。银河系外一颗名叫 R136a1 的恒星，质量居然达到 $315M_\odot$，位于大麦哲伦云中蜘蛛星云的核心区。质量最小的恒星是天兔座 2MASS J0523−1403，质量约为 $0.08M_\odot$。

恒星的大小差别极为悬殊，天蝎座中的心宿二的半径约为 $600R_\odot$（$R_\odot$ 表示太阳半径），猎户座中的参宿四的半径约为 $900R_\odot$，仙王座 VV 星的半径约为 $1\,600R_\odot$，超过木星轨道半径。目前已知体积最大的恒星是盾牌座 UY 星，距离地球约 9500 光年，半径约为 $1700R_\odot$，体积约为太阳体积的 50 亿倍，如果它在太阳的位置上，那几乎要把土星的轨道也包括进去了。已知体积最小的恒星也是那颗质量最小的恒星天兔座 2MASS J0523−1403，它的半径只有 $0.086R_\odot$，比木星还小。体积更小的白矮星（比如天狼星的伴星，体积接近地球的体积）和中子星已经不在正常恒星的范畴了。

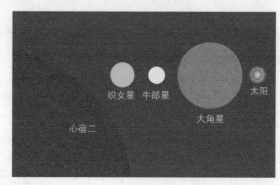

恒星大小的比较

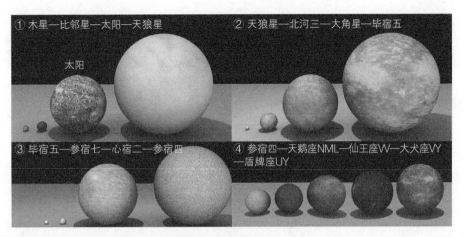

①木星—比邻星—太阳—天狼星
太阳
②天狼星—北河三—大角星—毕宿五
③毕宿五—参宿七—心宿二—参宿四
④参宿四—天鹅座NML—仙王座W—大犬座VY —盾牌座UY

恒星大小的比较（木星不是恒星，画在图中仅为比较大小）

　　天文学家于 20 世纪 60 年代发现并于 70 年代定名的一类天体——褐矮星（brown dwarf），介于巨行星与恒星之间，质量从 17 倍木星质量到 $0.08M_\odot$，半径甚至小到接近木星大小。褐矮星是在胚胎期未能发育成熟而中途"流产"的恒星，因为质量太小，温度没有升高到启动热核反应的程度，只靠引力收缩释放能量，自主发光。褐矮星的光谱型依温度延伸到 M、L、T、Y 型，颜色有棕色、橙色、红色等。它与恒星的区别是内部不进行热核反应；与行星的区别是自主发光、不绕别的恒星公转，有的甚至有绕自己公转的行星。同是褐矮星，体积小的质量反而更大。下图是太阳、红矮星（恒星）、褐矮星、木星（行星）大小的比较。图中 Gliese 229A 是红矮星，光谱型 M1，而 Gliese 229B 是褐矮星，光谱型 T7，两星互相绕着转，位于天兔座，距离地球约 18.8 光年；Teide 1 和 WISE 1828 是两颗单独的褐矮星，分别位于金牛座昴星团和天琴座，光谱型分别为 M8 和 Y2，距离地球分别为 400 光年和 47 光年。

太阳、红矮星、褐矮星和木星的大小比较

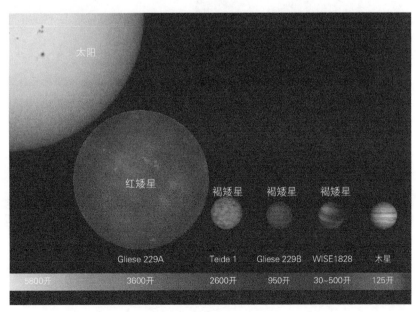

太阳
红矮星
褐矮星　褐矮星　褐矮星
Gliese 229A　Teide 1　Gliese 229B　WISE1828　木星
5800开　3600开　2600开　950开　30~500开　125开

◯✦ 6.4 双星

双星指两颗围绕着共同的质心旋转的恒星。典型的双星有克鲁格 60、蛇夫座 70、目视双星常陈一和目视双星天鹅座 β 等（见下图）。

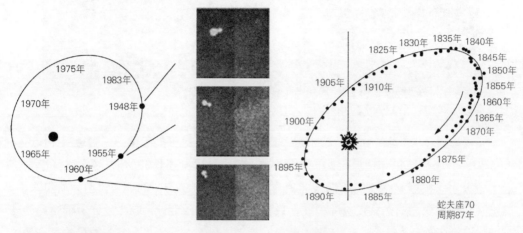

早期发现的双星克鲁格 60

双星蛇夫座 70

蛇夫座 70
周期 87 年

目视双星常陈一，猎犬座，距离 130 光年

目视双星天鹅座 β，距离 350 光年

凡是通过望远镜观测或者拍照能够清楚地看到两颗星的双星，都被称为目视双星。所谓目视，是指通过望远镜观察，并不是指用肉眼看。目视双星之外，还有很多双星因为离我们太远，再大的望远镜也分辨不出两颗星（超过望远镜的衍射极限能力），但通过光谱分析的办法，比如有两颗星的光谱，或者一颗星的光谱有红移、紫移的交替运动，能判断出那是双星，这类双星被称为分光双星。唯一凭肉眼就能看出的双星是北斗七星中的开阳（ζUMa）与辅（80UMa）。据说，在古代，许多民族都用开阳与辅检验士兵的视力是否合格。

用更大的望远镜观测，发现开阳本身又是目视双星，称为开阳 A 和开阳 B，而开阳 A、开阳 B 和辅又各自都是分光双星。所以实际上这是由 6 颗恒星组成的"聚星"（天文学中把 3 颗以上的恒星组成的集合称为聚星）。开阳与辅相距约 17800au，开阳 A 和开阳 B 相距约 379au。开阳聚星距离我们约 86 光年。

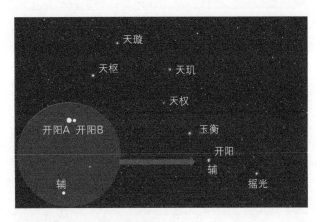

望远镜拍摄的北斗七星中的开阳与辅

在一幅我国北宋时期的古画中，画有北斗七星和辅的形象，它们化作亭亭玉立的 7 位仙女和一位红衣小仙人。这幅古画是纺织考古学家王亚蓉先生及其团队从一堆几乎不可辨认的残碎文物中，费时 5 年拼接修复出来的 30 余幅北宋时期供养人画之一。残碎文物出自江西赣州的建于北宋大中祥符年间、清朝末年遭火焚的慈云塔，2004 年在残存塔芯的一处暗龛中被发现。

这里要注意一点：望远镜实拍的北斗七星与古画中的北斗七星指向相反，无论怎样旋转画面都对合不上，原因是视角不同。古画从天界之外、神仙的角度来看天球上的众星官，就像我们站在地球外边观看地球一样，东、南、西、北是顺时针方向（上北、下南、左西、右东，普通的地图就是这种画法）。而望远镜所拍与我们

1000 多年前的北宋古画《北斗女仙像轴》

肉眼直接观天一样，是人在天球内部仰视星空，东、南、西、北变成上北、下南、左东、右西的逆时针方向排列方式。

离太阳最近的恒星——半人马座比邻星，是一组三合星的成员，也称半人马座 αC。另外两颗是半人马座 αA 和 αB(肉眼所见的是它们的"合二为一"，中文名为南门二.)，南门二 A 与南门二 B 之间相距最近时有 11au，绕转周期约 80 年，质量分别是 $1.1M_\odot$ 和 $0.9M_\odot$。南门二 C（也就是比邻星）离它们 13000au，绕转周期 55 万年，质

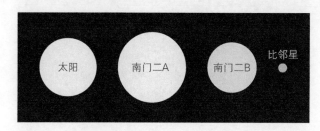

南门二 3 星与太阳大小的比较

量只有 $0.12M_\odot$，亮度仅为南门二 A 和南门二 B 的 $1/10^6$。

巨爵座 TV 星是一组四合星系统，距离地球约 150 光年，四合星分 A、B 两组，相距

巨爵座 TV 星的美术图像

1 角秒，绕转周期为 300 ～ 400 年，A 和 B 又各为双星。B 组外围有两层尘埃环，内层半径为 1.5 ～ 2au，外层半径为 5.9au，两层之间可能藏有隐秘的行星。

食双星

还有一类特殊的双星，用望远镜看是一颗星，可是长期观察发现它的亮度有奇特但非常有规律的变化，最典型的是大陵五，西方称作英仙座 β（β Per）或 Algol，它的亮度变化规律如下图所示。

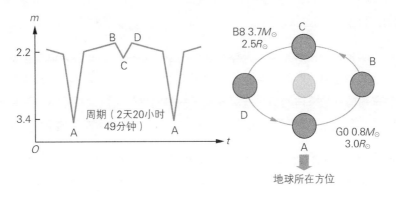

大陵五的亮度变化规律

它在 A 位置的时候最暗，是 3.4 等；到 B 和 D 位置时达到最亮，为 2.2 等；在中间的 C 位置时又暗下来。它的亮度按 A、B、C、D、A……不断重复变化，而且周期非常稳定，为 2 天 20 小时 49 分钟。经长期观察研究后，人们才了解它是双星，其亮度变化是两颗星互相遮挡的结果。

上方右侧的图中间是主星，亮度和质量都大于伴星，但体积小于伴星。伴星绕着主星沿 A、B、C、D 轨道方向运转。当伴星走到 A 位置的时候，地球上的人用望远镜看它，A 位置的伴星挡住了主星，因此只看到伴星，此时的亮度为 3.4 等。等它运转到 B 位置，两颗星都看到了，因此它的亮度达到最亮，为 2.2 等。在 C 位置时，主星挡住伴

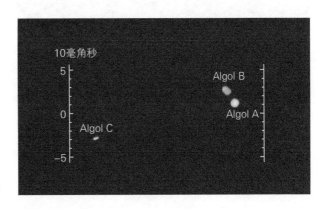

大陵五三合星的红外照片

星，亮度又有一点损失，到了 D 位置两颗星同时发光，又变为最亮，回到 A 位置又到了最暗。伴星运转的轨道周期就是大陵五的亮度变化周期，即 2 天 20 小时 49 分钟。这类双星称为食双星。大陵五是最早发现的也是最典型的食双星。

观测到食双星互相遮挡需要一个特殊条件，就是双星运转的轨道平面刚好与地球上的人看它的视线方向重合，这样才能看到相互遮挡的情况，这种巧合很难得。目前已发现的食双星数量有 4000 多对。

食双星大陵五还有一个远方的伴侣，合起来应是三合星，分别名为 Algol A、Algol B、Algol C，Algol C 为 A7 型，质量约为 $1.76M_\odot$，半径约为 $1.73R_\odot$，Algol C 绕 Algol A 和 Algol B 的周期大约是 680 天。

还有一类双星是天文学家通过天体测量的方法发现的，因此叫天体测量双星，典型的是天狼星 A 和天狼星 B。天狼星 A 是夜空中最亮的恒星，而伴星天狼星 B 很暗，肉眼看不到。天文学家用精密的天体测量方法，发现天狼星沿着一个波纹线行进，于是分析判断出它有一颗伴星，主星和伴星都绕着公共质心在运转。因为伴星太暗，望远镜也很难看到。

下右图是哈勃空间望远镜拍到的天狼星 A、天狼星 B 的清晰照片。照片左下方那个小白点就是天狼星 B。天狼星 B 的绝对星等只有 11.18，而天狼星 A 的绝对星等是 1.42，后者的亮度是前者的 1 万倍左右。既然能用哈勃空间望远镜拍到这两颗星的光学图像，那天狼星 A、天狼星 B 也属于目视双星。

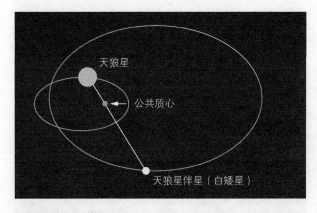

天狼星双星的运动轨道

哈勃空间望远镜拍摄的天狼星 A、天狼星 B

密近双星

有一类双星彼此靠得很近，关系密切，称为密近双星。密近双星根据密切的程度分为 3 种。第一种是不接双星，它们虽然靠得很近，相互之间受到引力影响，有外形上的改变，但是彼此的物质还没有进入对方的洛希瓣范围，没有物质之间的交流。所谓洛希瓣是

法国天文学家洛希给出的由天体
的引力划分的一个空间范围，进
入此范围的外界物质会被引力撕
碎，甚至降落至该天体。

　　第二种是半接双星。这类双
星已经有物质交流，不过物质交
流是单向的。如右侧相应图所
示，左边红星的物质被右边黄星
的引力吸引，围绕在黄星的周围
堆积起来。

　　第三种称为相接双星。这类
双星密近的程度使得相互之间有
物质交流，物质相互流动形成一
个公共包层，你中有我，我中有
你。由于恒星的质量是影响恒星
各项物理参数的一个非常重要的
物理量，物质的交流使得双星各
自的质量改变，引发物理参数发
生了变化。天文学家通过密近双
星，特别是相接双星的研究，来
发现恒星的物理参数随质量不同
而变化的机制和规律。

　　据统计，银河系有 50% 以
上的恒星是双星。但太阳不是双
星，如果太阳有伴星，可能地球
的生态系统就要发生周期性的强
烈变化，甚至生物都不可能形
成。因此我们感到庆幸，我们的
太阳不是银河系里占多数的成双
成对的双星。

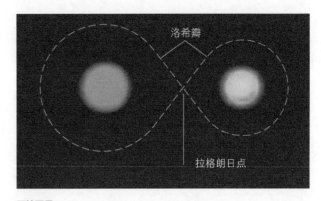

不接双星

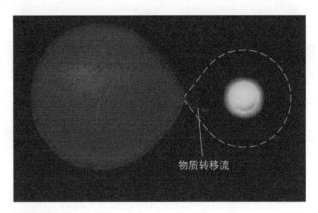

半接双星

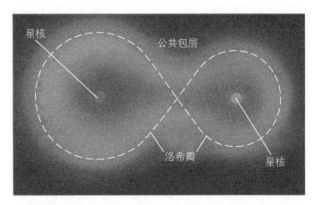

相接双星

07 | 第 7 章 星团和星云

千百年来，人们仰望美得令人窒息的群星聚集的天空，常常想弄清楚其中的秘密。通过现代天文望远镜的观测和天文学家的研究，我们认识到，在这茫茫星海之中，除了单颗或成双成对的恒星和多达十几颗星组成的聚星之外，还有由大量恒星聚集在一起形成的星团和绚烂多姿的星云。

◐ 7.1　疏散星团

星团分成两种类型，其中一种名为疏散星团。疏散星团没有统一固定的外形，星数相对来说不算多（有几十或几百颗），恒星之间结构比较松散，基本上是由年轻的恒星组成的。

银河系内的疏散星团

银河系内比较著名的疏散星团有昴星团（昴是二十八宿之一的昴宿），又称 M45 星团，它位于金牛座，西方称它为七姊妹星团，因为用肉眼看起来它有六七颗比较亮的星簇拥在一起。

昴星团实际拥有 120 多个成员。整个星团分布的空间达 13 光年，距离地球约 400 光年。昴星团是唯一能用肉眼看得见的星团，在北半球秋冬季节不难在天上找到它，它就在猎户座的前方不远处。

昂星团的星空位置　　　　　　　　　　　　　　　　望远镜拍摄的昂星团

　　银河系中已发现的疏散星团有 1200 多个。下面展示 6 张著名的银河系中疏散星团的照片，只有第 5 张 RCW38 是钱德拉 X 射线天文台（Chandra）拍摄的，其余 5 张照片都是由加拿大 – 法国 – 夏威夷望远镜（CFHT 或 CFH 望远镜）拍摄的。

天文知识小卡片

　　CFHT 中的 C 指加拿大，F 指法国，H 指夏威夷。CFHT 是由加拿大、法国和美国共同研制的一台天文望远镜，放置在美国的夏威夷，虽然它的口径（3.6 米）不是很大，但技术水平高超，所拍的照片都非常精美。

　　HST 是哈勃空间望远镜的代号，以美国天文学家 E.Hubble（哈勃）的名字命名，1990 年发射，口径为 2.4 米，工作在可见光和近红外波段。Chandra 是钱德拉 X 射线天文台的代号，以美籍印度裔天文学家 S.Chandrasekhar（钱德拉塞卡）的名字命名，1999 年发射，口径为 1.2 米，工作在 X 射线波段。Spitzer 是斯皮策空间望远镜的代号，以美国天文学家 L.Spitzer（斯皮策）的名字命名，2003 年发射，口径为 0.85 米，工作在红外波段。哈勃空间望远镜、钱德拉 X 射线天文台、斯皮策空间望远镜号称美国三大空间望远镜。2021 年 12 月 25 日美国发射了韦布空间望远镜（JWST），口径 6.5 米，耗资 97 亿美元，为人类当前最强大的空间望远镜。

巨蟹座疏散星团 M67，距离 2700 光年

双子座双疏散星团 M35（蓝色，距离 2700 光年）和 NGC2158（黄色，距离 1.6 万光年）

船尾座疏散星团 M46，距离 5400 光年

盾牌座疏散星团，距离 5500 光年

船帆座疏散星团 RCW38，距离 5500 光年

仙后座疏散星团 NGC7789，距离 7600 光年

天文知识小卡片

　　RCW38 绚丽的彩色照片是钱德拉 X 射线天文台拍摄的。X 射线是人眼感受不到的，更没有什么颜色信息。我们看到的照片上绚丽的彩色影像是经过人工特殊处理而成的，称为代表色或假彩色。但它并不是随意涂抹出来的美术作品，传递的仍是客观真实的科学信息。所有非可见光波段，如红外线、紫外线、X 射线、γ 射线等波段的影像，没有人眼可见的颜色信息，都需要通过代表色处理，才能获得假彩色照片。只有在可见光波段拍摄，才能直接得到与人眼所见相同的真彩色照片。

银河系外的疏散星团

　　大麦哲伦云、小麦哲伦云分别简称大麦云、小麦云，是在南半球肉眼能看到的两个美丽天体，在南天极附近。麦哲伦当年绕地球航行到南大西洋时见到它们并记录下来。大、小麦云其实不是星云，而是远在银河系之外的两个星系。大麦云距离我们约 16 万光年，小麦云距离我们约 19 万光年。

大麦云中的疏散星团 LH95

　　下方 3 张图分别展示的是小麦云中的疏散星团 NGC346、NGC265 和 NGC290，都是由哈勃空间望远镜拍摄的。

小麦云中的疏散星团 NGC346

小麦云中的疏散星团 NGC265

小麦云中的疏散星团 NGC290

◎ 7.2 球状星团

　　球状星团的整体外形结构是球状，它的星数比疏散星团多得多，甚至有几百万颗星聚集在一起，而且这些星绝大多数是演化到晚期的老年恒星。一个球状星团占据的空间范围为 30 ~ 200 光年，星团内恒星的平均分布密度比太阳周围的恒星分布密度大 50 倍，星团中心的恒星分布密度达到太阳周围恒星分布密度的 1000 倍，是银河系中恒星分布十分密集的地方。球状星团分布很广，但都距离地球很遥远，没有一个能被肉眼看见。人们通过天文望远镜发现的在银河系里的球状星团有 200 多个，在银河系外也发现有许多球状星团。

　　下面展示 6 张著名的银河系中球状星团的照片。

武仙座球状星团 M13，距离 2.5 万光年　　　　　　人马座球状星团 M55，距离 1.8 万光年

半人马座 ω 星团，距离 1.6 万光年　　　杜鹃座球状星团 NGC104，距离 1.3 万光年

人马座球状星团 M22，距离 0.85 万光年　　　　　宝瓶座球状星团 M2，距离 3.7 万光年

　　这些球状星团从照片上看外形是圆的，整体为球状，相貌有些类似。它们实际上是不同的天体，在不同的星座里，距离有远有近，都是银河系中一种广泛分布的天体结构。

球状星团的空间分布（红点代表球状星团）

球状星团在银河系中的分布情形与恒星不一样。银河系的主体是一个盘状结构的扁平系统，大概有 3000 亿颗恒星，这些恒星基本上都集中在这个盘状结构（称为银盘）里，银盘以外单颗的恒星很少，但是球状星团却可以分布到离银盘很远的地方。

银河系外的球状星团也有一些被拍摄到，例如：大麦云中的球状星团 NGC1850，距离 17 万光年；仙女座河外星系 M31 中的球状星团 G1，距离 290 万光年；等等。

大麦云中的球状星团 NGC1850

M31 中的球状星团 G1

7.3 弥漫星云

弥漫星云由弥漫物质组成，体积很大，散得很开，密度很低，千姿百态，没有固定外形，本质上与地球大气层中的云彩完全不同。云彩只在离地球表面 20 千米以下的对流层大气中，由水滴和水蒸气组成，虽然也是千姿百态的，但体量上与银河系中的弥漫星云完全不在一个数量级。云卷云舒瞬息万变，云彩不可能再变回原状，而弥漫星云是遥远的天体，它们的位置、色彩和形貌可能几千万年都不会改变。

弥漫星云一般有 3 种不同的形态：发射星云、反射星云和暗星云。这 3 种不同形态由星云附近是否有很亮的恒星决定，物理本质上并没有太大的差别。发射星云会自己发光，是因为有光谱型属于 O 型或者 B0 型这样的高温、高光度的恒星在它附近，这些恒星的电磁波辐射会使星云里的带电物质粒子受到激发而产生荧光，从用望远镜拍下的光谱图中可以看到明显的明线光谱。

反射星云附近没有高温、高光度的恒星，仅有如太阳这样光度、温度比较低的恒星，辐射能力没有达到激发它产生荧光的程度。反射星云里面的尘埃、颗粒细小的化合物能反射恒星的光，它的光谱都是这些恒星的暗线光谱。

暗星云的周边基本没有恒星，所以暗星云既不反射星光也不发出荧光，它是暗的。暗星云在地球的夜空中本不能被看到，但是也有一些偶然情况，例如暗星云正好在一个发亮的背景前凸显出来，这时可以通过望远镜拍的照片看到它的轮廓，就像逆光摄影中黑色的人像或景物。

弥漫星云虽有较大的面积，但光度很低，凭肉眼很难看到。在望远镜特别是现代大望远镜拍下的照片中，多姿多彩的各类弥漫星云美不胜收。

冬夜星空，"猎户"腰间参宿三星（参宿一、参宿二、参宿三合称参宿三星）的左下方有一把"短剑"，尖端也有 3 颗小星。中间那颗其实不是恒星，而是著名的猎户星云 M42（具体位置在左图中可以看到），距离约 1500 光年。通过望远镜可以看到很多明亮的发光气体，延伸面积为 66 角分×60 角分，有 4 个满月大小，直径为 24 光年。后图中的第一张是 2006 年

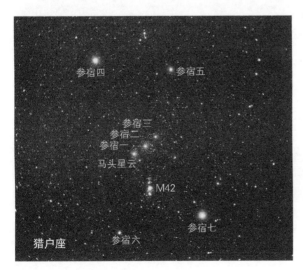

猎户星云 M42 在星空中的位置

公布的哈勃空间望远镜拍摄的 M42 图像。第二张图是它的分区图，其中 1 号分区图是另一个星云 M43，距离 1600 光年，比 M42 稍远；3 号分区图是 M42 的亮区，著名的猎户座四边形位居中央，被称为 M42 的心脏（后图中的第三张）；4 号分区图是 M42 的暗区（后图中的第四张）。第五张图中"四边形"清晰可见，它是许多年轻恒星的集合，最亮的有 A、B、C、D、E 这 5 颗。

2006 年哈勃空间望远镜拍摄的猎户星云 M42

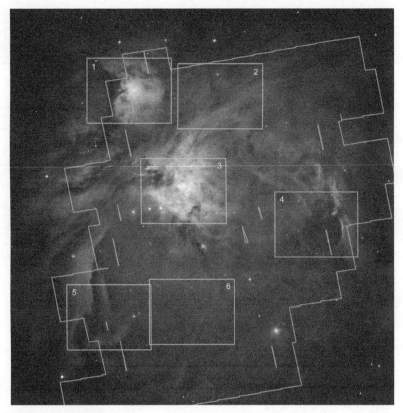

猎户星云 M42 的分区图

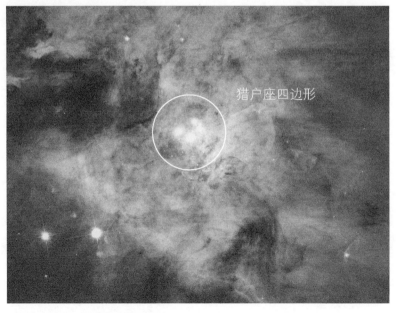

3 号分区放大图，著名的猎户座四边形

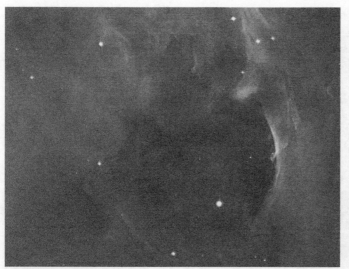

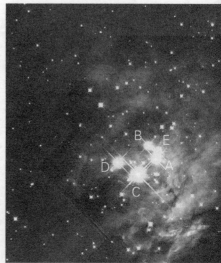

4 号分区放大图，M42 的暗区

猎户座四边形的放大图

下面介绍一些著名的银河系内外的星云。

麒麟座玫瑰星云 NGC2237 色彩艳丽，酷似盛开的玫瑰，距离 3500 光年。玫瑰星云与 M42 所占的天空面积差不多，但因为距离更远，实际直径是 M42 的 5 倍多，但视亮度远不如 M42，所以没有 M 编号。

麒麟座玫瑰星云 NGC2237

天文知识小卡片

M 编号是梅西叶（法国 18 世纪天文学家 C.Messier）天体表共 110 个天体的序号。梅西叶当时也不知道它们是些什么天体。M 编号至今仍广泛使用是因为它几乎囊括了业余级小望远镜所能看到的全部星团、星云和河外星系。

更专业、通用的是 NGC 星表和 IC 星表。NGC 是英国天文学家赫歇尔父子（W.&J.Herschel）编制，后经丹麦天文学家德赖尔（J.L.E.Dreyer）修订的《星云星团新总星表》的简称，IC 是 NGC 的补编。共收录非恒星天体 13226 个（NGC7840 个，IC5386 个）。

人马座三叶星云 M20

人马座三叶星云 M20 也像绽放的花朵，距离 5200 光年。

天鹅座星云 IC5146

天鹅座星云 IC5146，距离 4000 光年，由 CFHT 拍摄，既有发射部分，也有反射部分，中央的亮恒星刚形成不久，年方 10 万岁。

麒麟座星云 NGC2264 是结构比较复杂的星云，其中有恒星、疏散星团和暗星云，距离 2500 光年。右图是由英澳天文台的望远镜拍摄的 NGC2264 全貌，其下边缘处有一块黑色倒 V 字形缺口，仿佛一座陡峭的山峰笼罩在红色光环中，被顶端几颗年轻的高温恒星照耀着。左下图是哈勃空间望远镜拍摄的"山峰"细节。

麒麟座星云 NGC2264 全貌

麒麟座星云 NGC2264 局部

天文知识小卡片

英国在北半球纬度很高的地方，看不到南天的天体，所以与澳大利亚合作，把自己的望远镜放到南半球，建立了英澳天文台。

人马座礁湖星云 M8，距离 5000 光年。下图左是 CFHT 拍摄的 M8 全貌，下图右是哈勃空间望远镜拍摄的 M8 局部。

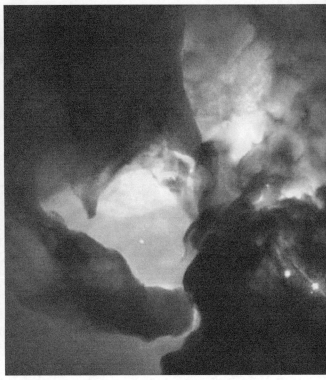

人马座礁湖星云 M8 全貌　　　　　　　　　人马座礁湖星云 M8 局部

大犬座海鸥星云（Seagull Nebula），距离 3800 光年，IC2177 是头，NGC2343 是尾，NGC2335 和 NGC2327 在 两翼，翼展 100 光年，像一只巨大的海鸥在北半球隆冬的银河上空翱翔。

大犬座海鸥星云

天蝎座对虾星云（Prawn Nebula）IC4628，距离 6000 光年。这只体长 250 光年的"大虾"，比"海鸥"的翼展大了一倍半，在北半球盛夏的银河中"潜游"。

天蝎座对虾星云

船底座 NGC3372 星云

船底座 NGC3372 星云，也叫船底座 η 星云，距离 7500 光年，直径约 300 光年，体积超过海鸥星云和对虾星云，在银河系中位居第二。它有着诡秘、艳丽的色彩，包含了众多星团、发射星云、反射星云和暗星云。关于船底座 NGC3372 星云的详细介绍请见第 8 章的 8.2 节"非径向脉动与特殊变星"。

船尾座古姆 12 星云

银河系中体积排名第一的是船尾座古姆 12 星云（Gum12），可能是 100 万年前一次超新星爆发的遗迹扩散至今形成的景象，它横跨天空 40 度，距离 1400 光年，估计直径约 1100 光年。左图的右下角是大麦云，其上方最亮的恒星是全天第二亮星老人星。

仙王座爱丽丝星云 NGC7023，距离 1300 光年

　　仙王座爱丽丝星云 NGC7023 是位于仙王座的一个明亮反射星
云，以童话中的小姑娘爱丽丝命名，上图是由 CFHT 拍摄的。

猎户座马头星云

猎户座马头星云是非常著名的暗星云，距离 1140 光年，在玫瑰色背景的衬托下，显示出酷似马头的黑黝黝的形象。左图为 CFHT 拍摄的猎户座马头星云。下面的 3 张图分别展示了马头星云附近的景色，它与参宿三星、火焰星云 NGC2024 的位置关系和哈勃空间望远镜拍摄的马头星云局部特写。

马头星云附近的景色

马头星云与火焰星云 NGC2024 的位置关系

马头星云与参宿三星的位置关系

马头星云局部

银河系外的星云列举 4 个：大麦云中的蜘蛛星云 NGC2070；大麦云中的魔鬼星云 NGC2080；小麦云中的 N81 星云；距离 300 万光年的 M33 中的 NGC604 星云，它是迄今所观测到的最大的星云。

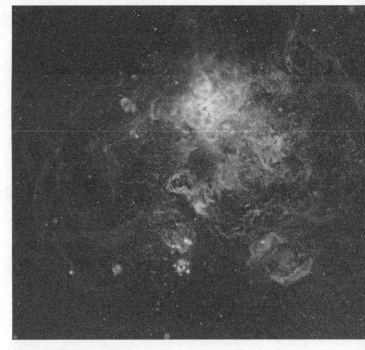

大麦云中的蜘蛛星云 NGC2070

大麦云中的魔鬼星云 NGC2080

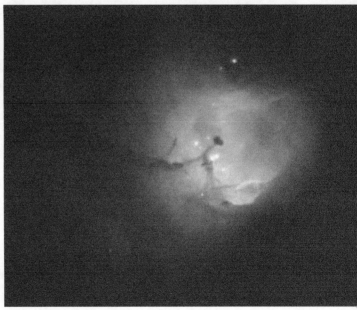

小麦云中的 N81 星云

M33 中的 NGC604 星云

⦿ 7.4 恒星诞生于星云

天文学家通过大量研究得出结论——星云是恒星的诞生地。被研究得最多的是距离地球约 6500 光年的巨蛇座鹰状星云 M16。下页左上图是哈勃空间望远镜拍摄的星云全貌，右上角是放大的星云中心部位的特写。右上图是哈勃空间望远镜拍摄的另一张特写照片，有几个被称为"大象鼻子"的柱状物。左下图是放大的"大象鼻子"尖端的细节照片，右下图是 JWST 拍摄的新照（9.4 节有关于 JWST 的介绍），可见多个指状结构的凸起，这被认为是恒星正在诞生的景象。

巨蛇座鹰状星云 M16

巨蛇座鹰状星云 M16 局部

鹰状星云 M16 局部放大

JWST 拍摄的 M16 新照

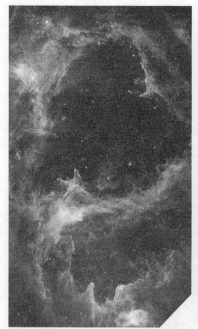

仙后座 W5 星云"恒星孵化场"

猎户座猴头星云 NGC2174

天鹅座 S106 星云

仙后座 NGC281 星云

船底座弥漫星云 Westerlund 2

类似的照片还有不少，例如上页第一张图是仙后座 W5 星云"恒星孵化场"，其直径有跨 4 个满月大小，距离 6200 光年，由斯皮策空间望远镜拍摄。第二张图是猎户座猴头星云 NGC2174，距离 6400 光年，由哈勃空间望远镜拍摄。第三张图是天鹅座 S106 星云，距离 2000 光年，由哈勃空间望远镜拍摄。

本页第一张图是仙后座 NGC281 星云，距离 1 万光年，由 CFHT 拍摄。第二张图是船底座弥漫星云 Westerlund 2，距离 2 万光年，由哈勃空间望远镜拍摄。第三张图是 NGC602 星云，它在小麦云中，横跨 180 光年，由哈勃空间望远镜、钱德拉 X 射线天文台、斯皮策空间望远镜三大望远镜合作拍摄合成，像银河系内的"恒星孵化场"一样清晰、壮观。

小麦云中的 NGC602 星云

08 | 第 8 章
不稳定恒星

在宇宙中，人类所观测到的恒星，有 90% 以上是主序星，主序星处于热动平衡的物理状态，亮度、质量、温度和产能方式等各方面都很稳定，而与之呈现截然不同性质的就是不稳定恒星。不稳定恒星是指已经离开主星序，演化到了晚期而出现一系列不稳定情况的恒星。

◉ 8.1 脉动变星

在不稳定恒星里占比最大的一类叫作脉动变星，其主要表现是有周期性的亮度变化，像人类的脉搏。脉动变星在所有恒星里虽然占比不大，但在恒星演化研究中有很重要的地位，所以天文学家特别注意对它们进行观测研究。所有已发现的脉动变星按照脉动周期的长短分成 3 种类型。

蒭藁型变星

蒭藁型变星也叫长周期脉动变星。它的主要特点：一是光变周期比较长，从亮到下一次亮的周期是 70~700 天；二是光变幅度比较大，亮的时候非常亮，暗下来时可能就看不见了，亮度差别能达到几百到上千倍。这一类脉动变星占所有脉动变星总数的 1/3 左右，绝大多数是红巨星或者红超巨星。这一类变星的典型代表是鲸鱼座 O，在我国古代称为蒭藁增二，所以我们称这一类脉动变星为蒭藁型变星。

　　蒭藁增二（鲸鱼座 O）的亮度变化情况从它的光变曲线上可以看出来。它最暗时为 10 等星，肉眼看不见（肉眼最多只能看到 6 等星，还需在天气好、眼力强的情况下），慢慢变亮到 6 等，这时勉强能看到了，然后持续变亮到最亮达到 1.7 等，相当于北斗七星的亮度。可是这个亮度维持的时间不长，慢慢地，它又暗下去了，暗到最后又看不见了，等下一个周期又重复出现，这就是亮度的脉动。蒭藁增二的脉动周期为 320~370 天。

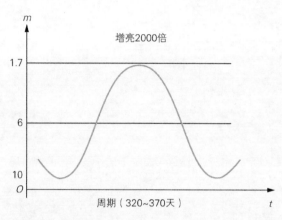

蒭藁增二的亮度变化

　　蒭藁增二是一颗红巨星，光谱型为 M 型，表面温度比较低，因为体积非常大，所以很亮。经过测量，它的半径是太阳的 390 倍左右，体积达到太阳体积的 390^3 倍左右，离我们约 418 光年，位于鲸鱼座。

　　这颗脉动变星还是双星中的一个成员，它的伴星是颗白矮星。它们互相绕转，转动的周期大约是 261 年。红巨星体积非常大、非常亮，而白矮星很暗，体积非常小，这两颗凑成一对互相绕转。它们大小差别的程度好像蚂蚁嫁给了大象，宇宙当中真是无奇不有。

　　脉动变星亮度脉动变化的原因是星体有节奏地膨胀和收缩。这是主序星演化到晚期脱离主星序后出现的一种结构不稳定的现象。当它们的亮度较小时有效温度较低，辐射向红外波段偏移，可见光的亮度显得更低。它们的体积胀缩只发生于星体的外层，深层物质不参与胀缩。胀缩一般从距中心 2/5 半径处开始，越接近表层，胀缩幅度越大。

造父变星

　　这类变星的典型代表是仙王座 δ 星（δCep），在我国古代称为造父一。造父本是西周时期周穆王的马车夫，因驾 8 匹骏马拉车载周穆王迅速归国平叛有功，周穆王把赵城作为领地赐给造父，还把天上一组不起眼的小星赐名造父星。没想到其中的造父一，几千年后却成为天文学里一类非常重要的天体的典型代表，这类天体统称为造父变星（英文名为 Cepheid）。造父变星是脉动变星的一种，特点是光变周期非常稳定、准确，比如造父一的光变周期是 5

天 8 小时 46 分钟 38 秒，它最亮时约为 3.6 等，最暗时约为 4.3 等。下图所展示出来的就是它的光变周期曲线。

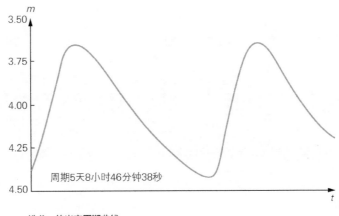

造父一的光变周期曲线

　　凡变化周期在 1 ~ 50 天，而且周期和变幅都非常稳定的脉动变星都归为这一类变星，它们是黄色的巨星或超巨星，质量为太阳质量的几倍至 10 倍，光度很大，不仅银河系中有，在许多河外星系中都能观测到。北极星也是造父变星，光变周期大约是 3.97 天，只是光变幅度很小，不足 0.1 星等。在已发现的脉动变星中，造父变星的数量不足 1000 颗，只占总数的 5% 左右，其中 700 多颗在银河系内。造父变星虽然数量很少，但因为一种非常可贵的特性，使之成为最重要的一类脉动变星。这一特性就是由美国女天文学家勒维特于 20 世纪初发现的"周光关系"：造父变星的光变周期越长，光度就越大。她是在研究麦哲伦云中的造父变星时发现这一关系的，尽管当时人们还不知道麦哲伦云是银河系外面的星系。光度指的是恒星的真实亮度，同等光度的恒星，因为距离不同而表现出不同的视亮度。周光关系提供了一种简单而又非常重要的测定天体距离的方法：找到造父变星，测定其光变周期，即可得知光度，再根据视星等就可以算出距离。如果星团或河外星系中有造父变星，那么星团或河外星系的距离也就可以得知了。这一方法称为造父视差法，是测定天体距离的一种方法，在可靠程度方面仅次于三角视差法，特别适用于遥远的星团和河外星系的距离测定，而对这些天体，三角视差法是无能为力的。造父视差法有一个难点就是零点问题或定标问题。周光关系反映的光度值是相对比较值而不是绝对值，确定绝对值需要知道哪怕只有一颗造父变星的绝对距离。遗憾的是所有造父变星距我们都相当遥远，无法用三角视差法精确测定其距离。直到 20 世纪 50 年代，人们通过对疏散星团进行研究才较好地解决了零点问题。造父变星的光变周期超过一天，一台望远镜不能全程监测，因为天亮以后就看不见它了，必须将多台望远镜分布全球，才能进行完整监测。造父变星是天体距离的指示器，因此被誉为"量天尺"。

天琴座RR型变星

天琴座 RR 型变星的典型星是天琴座 RR 星，该类变星约占脉动变星总数的 1/4，光变周期为 0.05 ~ 1.5 天，光变幅度为 1 ~ 2 星等，有比较特殊的光变曲线。因为最初是在球状星团里发现的，故该类变星又被称为星团变星，后来在球状星团以外也发现了许多。这类变星的一个特点是光度相当稳定，绝对星等为 0.5 左右，浮动范围为 –0.2~+0.2 星等，所以它的目视亮度直接指示着距离，被称为第二把"量天尺"。但由于绝对星等较暗，远处的这类变星不能被发现（造父变星的绝对星等可达到 –7 等以上），因此它的准确度和适用范围都不如造父变星。

8.2　非径向脉动与特殊变星

脉动变星的亮度有规律变化的物理原因是星体的体积有节奏地胀缩，即半径的变大、变小，属于径向脉动的模式。另外还有一些恒星，亮度也有变化，甚至大起大落，但体积或半径并没有变化，称为非径向脉动。它们的亮度变化另有原因，五花八门，有的甚至没有亮度变化，而是磁场和光谱特征等物理性质随时间变化；有的有大量物质从星面逸出，形成很强烈的恒星风。个别表现特殊的非径向脉动变星称为特殊变星。下面介绍一些特别令人瞩目的特殊变星。

沃尔夫–拉叶星

　　沃尔夫 – 拉叶星是法国天文学家沃尔夫（J.R.Wolf）和拉叶（G.Rayer）于 1867 年发现的一类特殊变星。其光谱几乎全部由发射线组成（普通恒星的光谱都是吸收线），较容易鉴别，在银河系与邻近星系中已发现 200 多颗。它们的绝对星等为 –4 等左右，初始质量在 $25M_\odot$ 以上，恒星风造成的质量损失达 $10^{-5} \sim 10^{-4}M_\odot$ / 年（太阳风的物质损失只有 $10^{-14}M_\odot$ / 年）。这样大的质量损失必定不能维持很久，估计它们的年龄只有几百万年，目前已处于主星序后的演化阶段。下图的第一张是哈勃空间望远镜拍摄的天箭座沃尔夫 – 拉叶星 WR124 图像，图中央的白点是 WR124，周围是它的喷吐物组成的星云 M1–67，距离 1.5 万光年，绝对星等 –4 等。第二张图是大犬座头盔星云 NGC2359，距离 1.5 万光年，星云中央有一颗吹出大量恒星风的沃尔夫 – 拉叶星 HD56925。

SS433星

　　SS433 星是一个很特殊的天体。SS 是星表名称，433 是星表中该天体的序号。该天体位于天鹰座，距离约为 1 万光年，视星等 13.5 等。它同时也是一个射电源和 X 射线源，射电强度有较大的变化。SS433 星最奇特之处，是它的光谱中有发射线，而且既有

天箭座沃尔夫－拉叶星 WR124

大犬座头盔星云 NGC2359

紫移也有红移，同时还有不发生位移的谱线。红移和紫移的程度随时间发生周期变化，周期约 (164 ± 4) 天。按多普勒效应公式计算，它的一部分物质以 5 万千米 / 秒的速度远离我们而去，另一部分物质又以 3 万千米 / 秒的速度靠近我们而来。对 SS433 星的光谱分析表明它是一个双星系统，其中一颗是蓝巨星，另一颗是密度非常大的中子星或者黑洞，周围有强大的引力场，它把伴星的物质吸引过来堆积成盘状，随着中子星或黑洞一道高速旋转，沿着与盘面垂直的方向射出两股高速喷流。我们观测到的红移和紫移就是这两股喷流的发射线，一股远离而去，另一股迎面而来。164 天的周期是喷流方向相对于观察者视线方向的变化周期。

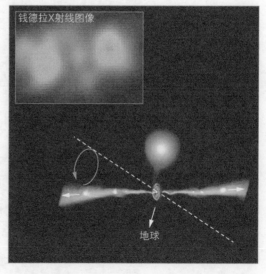

SS433 双星系统

船底座 η 星

船底座 η 星是船底座 η 星云中的一颗特殊变星。前面介绍过，船底座 η 星云 NGC3372 是银河系中第二大星云，距离 7500 光年。下图的第一张是船底座 η 星云中心部分的分解图：中心区有一颗亮星船底座 η 藏在小小的侏儒星云中，侏儒星云右下方有稍大的钥匙孔星云 NGC3324，NGC3324 星云底部有一个小的长条状暗星云，被戏称为"上帝的手指"。船底座 η 星是双星，两星相距约 15.4au，绕转周期约 5.54 年。图中显示的是主星，质量约 $100M_\odot$，原来为 2 ~ 4 等星。它于 1820 年突然喷发，最亮时目视星等 –2 等，成为全天空最亮的天体，绝对星等 –14 等，比太阳亮约 3000 万倍。它于 1843 年后停止喷发，亮度渐衰，至 1892 年降至 6 等。20 世纪以来，它再度喷发增亮，2012 年至 3.2 等，2014 年仍有 4.5 等，绝对星等为 –7 等，它明亮的光辉和喷发的物质使周围的侏儒星云也大大增亮。它是一颗只有 10 万岁的年轻恒星，正在以 600 千米/秒的速度喷射物质。

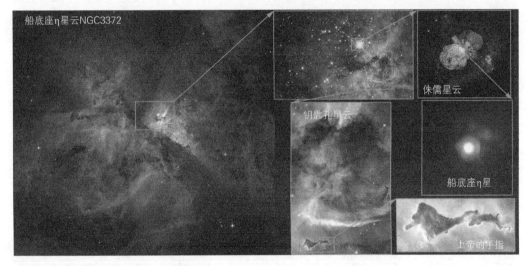

船底座 η 星云 NGC3372 中心部分的分解图

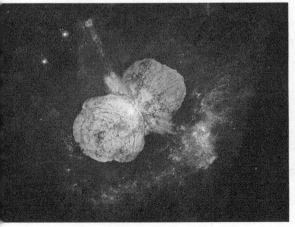

哈勃空间望远镜下的船底座 η 星

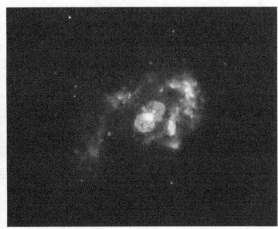

船底座 η 星 X 射线图像

麒麟座V838星

　　2002 年 1 月在银河系边缘的麒麟座方向，距太阳约 2 万光年处，突然出现一颗特殊变星，光度比太阳大 60 万倍，绝对星等接近 –10 等，成为银河系中光度最大的天体，名为麒麟座 V838。下图第一张是它的位置示意图。它强烈的光辉照亮了原先看不见的周围尘埃物质，范围达 6 光年，从内到外需 3 年时间才能陆续被照亮，反射的光线也需 3 年左右先后到达地球。哈勃空间望远镜拍摄了多张不同日期麒麟座 V838 星的生动照片：下图的第二张拍于 2002 年 5 月，第三张拍于 2002 年 12 月，第四张拍于 2004 年 2 月，第五张拍于 2004 年 10 月，第六张拍于 2005 年 11 月和 2006 年 9 月。与沃尔夫 – 拉叶星和船底座 η 星不同的是，麒麟座 V838 星只有体积膨胀而没有质量损失。它体积最大时直径超过火星轨道的直径。下图的最后一张是麒麟座 V838 星的直径超过火星轨道直径的示意。有人认为它是一颗垂死的超巨星，核心质量并不比太阳大，将来的归宿是白矮星加行星状星云。

麒麟座 V838 星的位置示意图

2002 年 5 月的麒麟座 V838 星

2002 年 12 月的麒麟座 V838 星

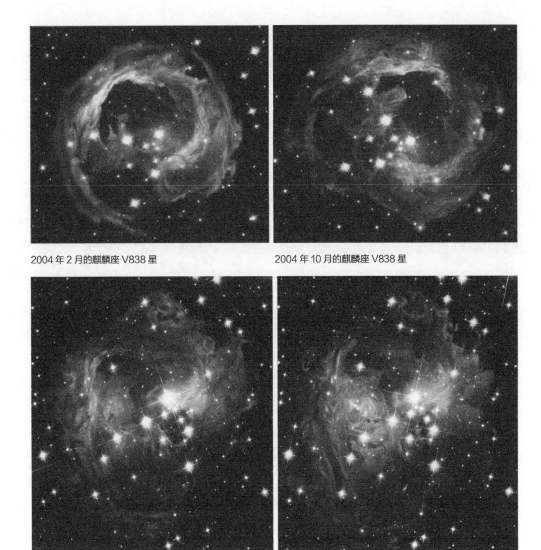

2004 年 2 月的麒麟座 V838 星　　　　　　　　2004 年 10 月的麒麟座 V838 星

2005 年 11 月（左）和 2006 年 9 月（右）的麒麟座 V838 星

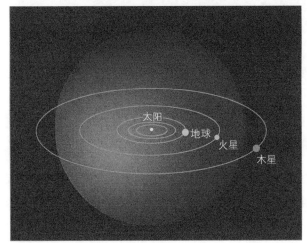

麒麟座 V838 星的直径超过火星轨道直径

◑ 8.3   新星

新星的英文名称是 novel star（缩写为 nova），从字面上看，意思是新诞生的恒星。其实这个名字取得不对，新星并不是新诞生的恒星，刚好相反，它是演化到了晚期快要衰老至死的一类天体。从前，人们在并不了解它的物理本质时，从现象上看，认为它是在原来没有星的地方突然冒出来的，而且非常亮，所以称其为新星。

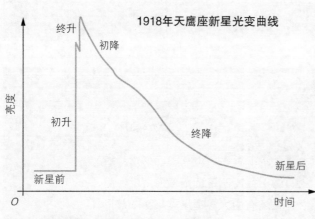

1918 年天鹰座新星从 6 等以下突然增亮至 –1.1 等

左图是 1918 年出现的天鹰座新星的光变曲线。天鹰座是我们熟悉的牛郎星所在的星座，1918 年，该星座中突然冒出一颗亮星，最亮的时候达到了 –1.1 等，超过旁边的牛郎星和织女星（织女星的视星等是 0.03），成为天空中最明亮的一颗星。天狼星虽然更亮，但当时不可能也出现在天上。可惜新星维持时间不长，慢慢暗下去后人们就再也看不到它了。

1935 年 5 月武仙座出现了一颗新星，下面这张图片是用望远镜拍下的它突然变亮前后的照片（前述 1918 年的天鹰座新星没有留下照片）。它的亮度突然增加约 6000 倍，而变亮之前肉眼是看不见的，好像原来没有星的地方突然冒出一颗特别亮的星。

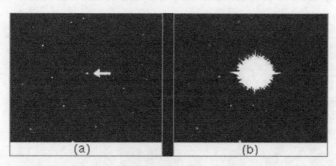

1935 年 5 月武仙座新星亮度增加约 6000 倍

1975 年 8 月 29 日，天上又出现一颗新星，位于天鹅座。天鹅座也在牛郎星、织女星附近，那个地方有一颗有名的亮星天津四。天鹅座新星的亮度从肉眼看不见的 20 等忽然变到了 1.9 等，几乎接近牛郎星、织女星的亮度。

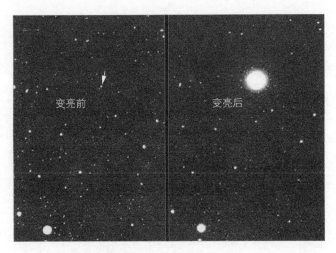

1975 年 8 月 29 日天鹅座新星，从 20 等增亮至 1.9 等

　　肉眼所见的新星，在我国历代史书中的记载有很多，经专家研究统计，在我国的历史文献里关于新星的记录有 90 多条。例如《汉书·天文志》里记载："元光元年六月，客星见于房。"元光是汉武帝的年号，元光元年六月出现了一颗客星，"见于房"是指它出现在二十八宿之一的房宿，也就是天蝎座。"客星"是汉朝人对新星的称谓：来时像客人一样明亮显赫，但为时不长，客人终将离去，很符合天象的实际情况，这个名字应比新星更趋合理。

　　甲骨文里还有更古老的关于新星的记录，例如公元前 1300 年左右的一片甲骨（见右图），上面所刻甲骨文为"七日己巳夕□有新大星并火"。这个火就是天蝎座的大红星天蝎座 α（我国古代称为心宿二，心宿是二十八宿之一），商朝时叫大火星。商朝人看到在大火星旁边出现了一颗新星，便刻在甲骨片上，这是我们现在所看到的古人关于新星的最早记录。

　　现在，人们通过大望远镜在宇宙中发现了很多肉眼看不见的新星，数量有 200 多颗，每一次发现新星后天文学家都对它进行了仔细研究。对于新星的物理机制，现在科学家基本上达成了一致认识，认为新星其实是双星，且演化到了晚期。在下页图中，左边那颗红巨星衰老了，它的体积变得非常大，温度降低，而右边的白矮星是已经寿终正寝的恒星，它已经没有任何热核反应的能力，体积很小、密度很大。两颗星离得比较近，互相绕转，白矮星强大的引力场会把对

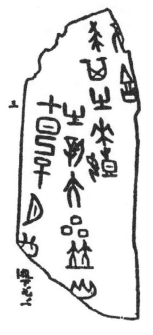

甲骨片上的关于新星的记录

方的物质吸引过来，并使物质高速旋转，形成一个吸积盘。吸积盘里面堆积的物质越来越多，当温度和压力增加到一定程度，突然产生氢原子核到氦原子核的聚变反应，使星体突然大幅度增亮，这就是新星爆发的原因。

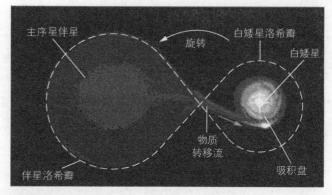

新星爆发机制

☾✶ 8.4　超新星

　　超新星是一种突然变亮，光变幅度超过 17 星等，亮度增加千万倍至上亿倍的大质量恒星，质量至少是太阳质量的 4 倍。这种大恒星演化到晚期，所有核燃料都已耗尽，热核反应即将停止，由于引力坍缩，在生命的最后一瞬间大恒星会突然猛烈爆发，表现为亮度突然增大，短时间爆发出来的能量达到 10^{46} 焦，相当于太阳一生（100 亿年）全部辐射能量总和的 90 倍。爆发以后，原来的恒星不复存在；或将全部质量抛向太空，留下一片弥漫星云，然后逐渐扩散消失，一切荡然无存；或剩下一部分核心物质，集聚成高度致密的天体——中子星或黑洞（详见 11.2）。

　　"凤凰涅槃，死而新生"，超新星爆发是一颗恒星死亡的讣告，但同时也是新一代恒星诞生的动力。超新星爆发时产生的冲击波也许会促使弥散的星际物质聚集在一起，迈上新恒星产出的旅程。宇宙中除氢、氦以外，大部分相对原子质量小于铁的重元素都在恒星内部的"大炼炉"里形成，大于铁的元素在超新星爆发过程中产生。也只有超新星爆发才能使已经形成的元素从恒星内部瓦解出来，被抛入太空，成为后一代天体的一部分原料。人们珍爱的贵金属如黄金、白银等，以及存在于行星和生物体中的所有比铁更重的元素，都来自超新星爆发或双星并合。宇宙产生这些重元素的代价很高，以至于需要报废一颗巨大的恒星。有生于无，生源于死，没有往日恒星的壮烈爆发，就没有今天多彩斑斓的宇宙。

　　银河系中的超新星爆发是非常罕见的天象，被文献记录肯定的，有史以来只有 9 次，都发生在望远镜发明之前。在我国古代文献中，这 9 次全都有可靠的记录，而且都在现代天文观测中找到了当年超新星爆发的遗迹，具体记录如下表所示。

银河系中的超新星爆发记录和现代遗迹

时间/公元年	我国历史纪年	所在星座	距离/光年	视星等	现代遗迹
185	东汉中平二年	圆规-半人马	9100	-8	RCW 86
386	东晋太元十一年	人马	16000	+1.5	G11.2-03
393	东晋太元十八年	天蝎	3000	-1	G347.3-0.5
1006	北宋景德三年	豺狼	7200	-7.5	PKS1459-41
1054	北宋至和元年	金牛	6300	-5	蟹状星云
1181	南宋淳熙八年	仙后	26000	-1	3C58
1408	明永乐六年	天鹅	6100	?	天鹅座X-1黑洞
1572	明隆庆六年	仙后	9000	-4	第谷超新星
1604	明万历三十二年	蛇夫	20000	-3	开普勒超新星

　　只有最后两次西方人在没有望远镜的情况下也观察到了：一次是明隆庆六年（1572年）出现的超新星，被丹麦天文学家第谷亲眼所见并记录下来；另一次是明万历三十二年（公元1604年）在蛇夫座出现的超新星，被开普勒本人观察并记录下来。

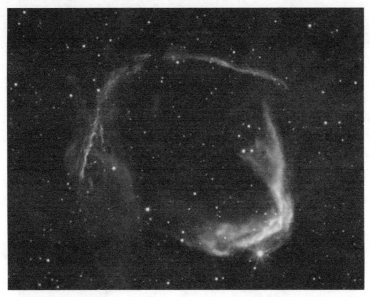

公元185年超新星的遗迹

　　公元185年超新星爆发的时候，《后汉书·天文志》记载："中平二年十月癸亥，客星出南门中，大如半筵，五色喜怒，稍小，至后年六月消。"中平是东汉灵帝的年号，这段文字清楚地记下了超新星出现的时间和位置，它看起来有饭桌一半那么大，而且显出各种颜色，之后慢慢变暗，至第三年的六月消失。这次超新星的遗迹已被XMM牛顿望远镜和钱德拉X射线天文台、斯皮策空间望远镜观测到，称为RCW86或G315.42.1星云，距离8000光年。

　　公元 386 年超新星的遗迹星云 G11.2-03，距离 1.6 万光年，钱德拉 X 射线天文台于
2001 年 1 月 10 日传回了它的照片，星云中央有一颗脉冲星。

　　公元 393 年超新星的遗迹星云 G347.3-0.5，距离 3000 光年，钱德拉 X 射线天文台
于 2007 年 8 月 8 日传回了它的照片。

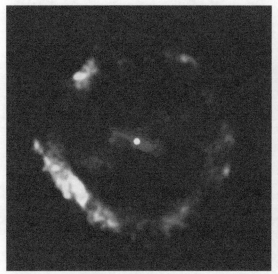

公元 386 年超新星的遗迹　　　　　　　　　　　　　　公元 393 年超新星的遗迹

　　公元 1006 年的超新星，《宋史·天文志》记载它"状如半月，有芒角，煌煌然可以
鉴物"。超新星看起来有半个月亮那么大，光芒四射，可以照亮地面的物体。估计这颗超
新星是历史上最亮的一颗，视星等约为 -7.5 等。它的遗迹是射电源 PKS1459-41，2008 年
7 月 1 日哈勃空间望远镜和钱德拉 X 射线天文台都拍到了 SN1006 遗迹星云的照片，形象
却大不相同。

公元 1006 年超新星的遗迹（哈勃空间望远镜）

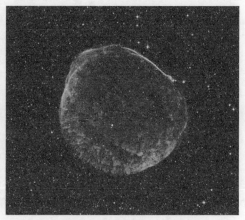

公元 1006 年超新星的遗迹（钱德拉 X 射线天文台）

历史上名气最大的超新星是 SN1054，出现于公元 1054 年，在《宋史》《续资治通鉴长编》《宋会要》里面都有记载。《宋会要》里提到："至和元年五月，晨出东方，守天关。昼见如太白，芒角四出，色赤白，凡见二十三日。"至和是宋仁宗的年号，至和元年五月的早晨天刚亮的时候，在天关也就是金牛座这个位置，太阳已经出来了，却还能在太阳附近看到这颗星，像夜晚的太白金星那么亮，光芒四射，颜色有红有白，连续 23 天都能看到。综合其他史书记载，宋朝人看到这颗超新星的时间一共是 643 天，从 1054 年 7 月 4 日，到 1056 年 4 月 6 日。它是历史上最负盛名的一颗超新星——SN1054，西方普遍称它为中国超新星，因为我国宋朝人对它的记载非常完整。现代天文学家在观测它的遗迹金牛座蟹状星云（外形像一个螃蟹）时，在中心部分发现了一颗脉冲星 PSR0531+12，也就是中子星（详见 11.2）。

金牛座蟹状星云，距离 6500 光年

蟹状星云光学、射电、X 射线综合图像

蟹状星云中央的中子星

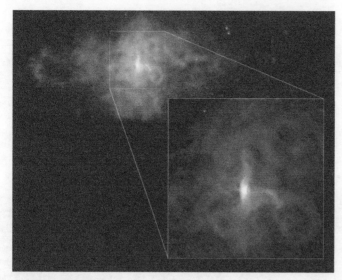

南宋淳熙八年 (1181 年) 超新星的遗迹星云，被钱德拉 X 射线天文台拍到，它有两股 X 射线喷流。星云中央的射电源 3C58 是一颗射电脉冲星 J0205 + 6449，距离 2.6 万光年。

公元 1181 年超新星的遗迹

对于明永乐六年 (1408 年) 的超新星，已故前中国科学院北京天文台台长李启斌曾发表论文 (*Chinese Astronomy*,v.3,1979)，认为著名的天鹅座 X–1 黑洞是它的遗迹。

明隆庆六年 (1572 年) 的超新星，即第谷超新星，钱德拉 X 射线天文台拍到了它的遗迹，其距离为 9000 光年。目前，直径 17 光年的气体云仍以 960 万千米 / 时的速度扩张。

明万历三十二年 (1604 年) 的超新星，即开普勒超新星，钱德拉 X 射线天文台也拍到了它的遗迹，其距离为 2 万光年。目前，直径约 14 光年的气体云正以 640 万千米 / 时的速度扩张。

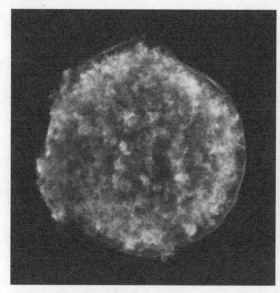

公元 1572 年第谷超新星的遗迹

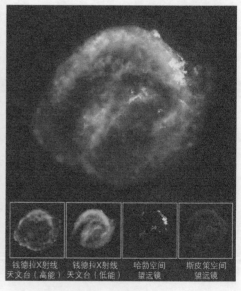

钱德拉X射线天文台（高能）　钱德拉X射线天文台（低能）　哈勃空间望远镜　斯皮策空间望远镜

公元 1604 年开普勒超新星的遗迹

现代天文观测发现，银河系中的超新星遗迹共有 150 多个，绝大多数爆发在人类史前时期，没有文字记载。著名的天鹅座网状星云，又称面纱 (Veil) 星云，估计是 3 万年前爆发的超新星的遗迹，距离约 2400 光年。右图为 CFHT 拍摄。

船帆座超新星遗迹，也称 Vela 星云，距离 800 光年，估计是公元前 9000 年爆发的产物，那时的人类很可能看到了这次爆发，但是没能记录下来。该星云约 100 光年大小，星云中央还发现有脉冲星。

天鹅座网状星云 (Veil 星云)

船帆座超新星遗迹 (Vela 星云)

　　仙后座 A 是天空中已知最强的射电源，周围有许多暗淡的星云碎片。下图为哈勃空间望远镜拍摄。经仔细分析，它应当是公元 1670 年前后爆发的一颗超新星的遗迹，而那时天文望远镜已有相当的观测能力，但无论东方或西方都没有任何观测记录，估计是因为距离太远 (1.1 万光年)，目视亮度较低，肉眼不可见或没有引起人们的注意。

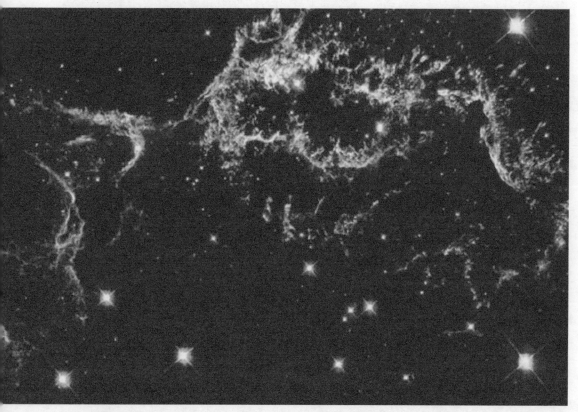

仙后 A 超新星遗迹星云碎片

◉＊ 8.5　SN1987A

　　现代望远镜观测到的大量超新星都是河外星系中的超新星，至 1999 年底已达 1650 多颗，其中唯一肉眼可见的是 SN1987A。1987 年 2 月 23 日，位于南美洲的智利天文台最先观测到它，其位于大麦哲伦云中，最亮时达到北斗七星的亮度，也是 1604 年以来肉眼可见的唯一超新星，但是它不在银河系中，而且只在南半球能看到，北半球是看不到的。下图是位于南半球的天文望远镜拍到的超新星 SN1987A 爆发前后的对比照片。

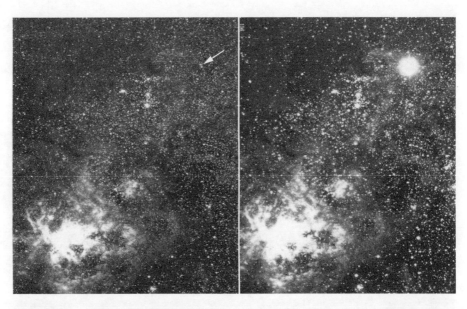

超新星 SN1987A 爆发前（左）后（右）对比

SN1987A 爆发时，释放的总能量达 3×10^{46} 焦。SN1987A 是在当代技术条件下可以看到的距离地球最近的超新星，机会难得，许多天文学家赶往南半球，通过光学、射电、紫外、X 射线各个波段综合观测。1990 年上天的哈勃空间望远镜也对它进行了追踪观测。

下面这张照片是哈勃空间望远镜拍到的 SN1987A 已经爆发 11 年之后的景象，其中有一个明显的三环结构，就是一内二外 3 个圆环绕着当年超新星所在的位置。

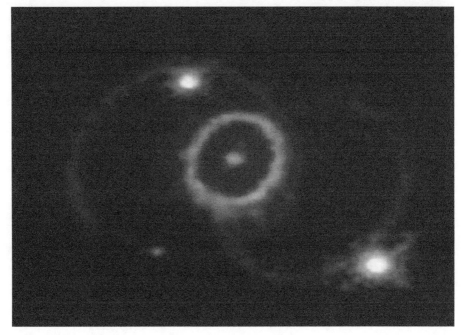

爆发 11 年之后的 SN1987A

下面这一组图是不同日期拍到的 SN1987A 内环的 15 张照片。超新星爆发时出现的这种环状结构人类还是第一次观测到。古人眼中的银河系内的超新星是否也有这种环状结构？文献里没有记载。也许因为亮度不够，肉眼不能见到。有史以来的最后一次银河系超新星爆发已经过去好几百年了，人们期待着再见到一次银河系内的超新星爆发。

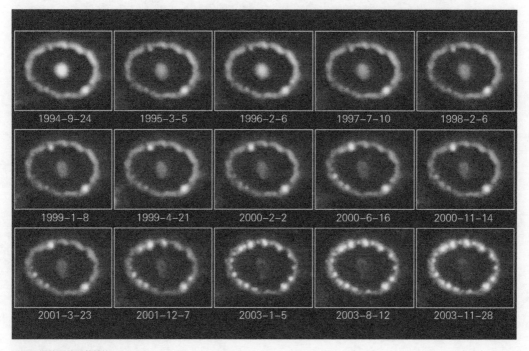

不同日期拍到的环状结构

SN1987A 爆发时，位于北半球的日本、美国、俄罗斯和意大利的 4 个中微子探测器，都记录到超新星爆发产生的中微子，这是有史以来人类第一次记录到太阳以外的天体传来的中微子信号。中微子具有高穿透力，地球对中微子来说是完全透明的，中微子可以从南天球的大麦哲伦云传送到地球的南半球，然后穿透地球到北半球，从地底下送达这 4 个探测器。

最后需要强调一下，人类观测到的超新星爆发并不是当时正在发生的事情，而是很久以前的历史事件，因为信号从现场传到我们这里需要很长的时间。比如蟹状星云到地球的距离大约是 6500 光年，SN1054 真正爆发的时间不在宋朝而是 7200 多年之前。大麦哲伦云距离我们大约 16 万光年，我们现在看到的 SN1987A 实际上是 16 万年前一颗恒星临终时的壮烈景象。如果真的能马上看到正在发生的超新星爆发，地球就该粉身碎骨了，即使是在距地球几十光年范围内有超新星爆发，也会导致地球生物的完全毁灭。

09 | 第9章
星系

在宇宙中，除了我们熟悉的银河系以外，还存在很多其他星系。本章我们就来学习怎样推进对星系的认识、不同星系的分类、宇宙的膨胀，以及宇宙的年龄究竟有多大等知识。

◎ 9.1 夜空中的一条光带——银河

　　银河系的名称来源于人在晴朗的夜空中看到有一条光带，我国古人把它想象为天上的一条河，于是将其取名为银河（或天河）。李白在《将进酒》开头第一句就写道"君不见，黄河之水天上来"，还在《望庐山瀑布》中写"飞流直下三千尺，疑是银河落九天"，意思就是黄河水与天上银河的水是相连通的，这显然是人的想象。其实银河并不是河，而是密密麻麻的恒星重叠分布，从而显现出的一条光带。在晴朗的夜空，我们会看到横陈天际的银河光带。

　　在北半球夏季或者夏秋之交的夜晚，牛郎星、织女星所在的那一段银河先往南延伸到天蝎座，再往南延伸到南半天球，一直到猎户座，再往下到南十字座，形成了完整的一条光带。这是我国古人想象的天上的一条河，但是在西方人的想象中它不是河，而是一条路，银河的英文名称是 Milky Way。

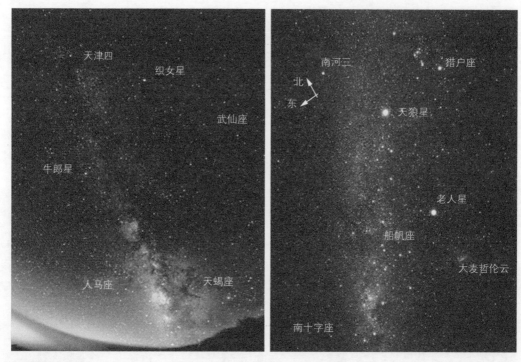

银河光带上的星座

西方银河名称的由来

　　我国早期文学翻译界曾把 Milky Way 翻译为牛奶之路，或许以为西方人喜欢喝牛奶，于是将天上的那一条白茫茫的光带想象成是牛奶铺成的，所以叫作 Milky Way。其实这个说法是一种误解，这里的奶并不是牛奶，而是天后赫拉的乳汁。意大利文艺复兴时期画家

意大利，丁托列托，《银河的起源》

丁托列托的《银河的起源》表现了这一古希腊神话故事，这幅画现存于英国伦敦国家美术馆中。这个故事说的是大神宙斯与一个民女有了私生子，这个小孩因为母亲是凡人，宙斯担心他神力不足，所以就把他抱到天上偷喝天后的奶，希望提高他的神力。天后赫拉在睡梦之中感觉到有一个小孩在偷喝她的奶，一手把孩子推开，于是她的乳汁洒向天空，就形成了 Milky Way，这就是西方银河名称的由来。

银河系的结构

无论是路还是河，其实都是古人的想象，银河是银河系中许许多多恒星投影在地球人眼中的天球上，形成的密密麻麻的恒星影像。整个银河系有几千亿颗恒星，而太阳只是其中普通的一颗。

下图是银河系结构示意图。银河系是一个盘状结构，盘子的直径约为 10 万光年，平均厚度约为 1600 光年，近核球处约 6500 光年。太阳在盘子靠边的位置，离盘子中心约有 3.2 万光年，而银河系中心部分的球状结构称为核球，直径约 1 万光年，核球的中心称为银核，直径约 30 光年。现代天文观测发现银盘以外还有一个范围非常广大、近似球形的区域，叫作银晕（galactic halo）。以前使用过银冕（galactic corona）的概念，指银河系最外围的区域，现在统一使用银晕一词，并分为恒星晕和暗物质晕两层。内层为恒星晕，长径约 30 万光年，长径与短径的比为 1∶0.77。恒星晕的质量占银河系恒星总质量的不到 1%。恒星晕中可观测到的物质的分布密度比银盘中要低得多，但球状星团有比较广泛的分布。银晕外层为暗物质晕，简称暗晕，隐藏着大量暗物质，延伸范围可能远至距银心约 65 万光年，长径与短径的比为 1∶（0.4~0.6）。

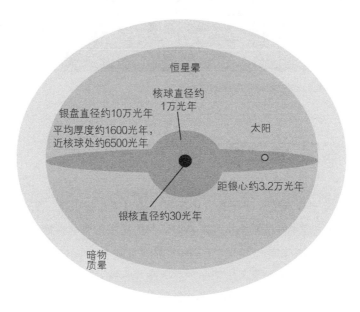

银河系结构示意图

　　下图展示了银河系主体部分详细的结构和旋臂的情况。银河系的核心部分呈棒状结构，应属于棒旋星系，拥有5条旋臂。太阳（图中的坐标原点）是位于猎户臂边缘的一颗很普通的恒星。

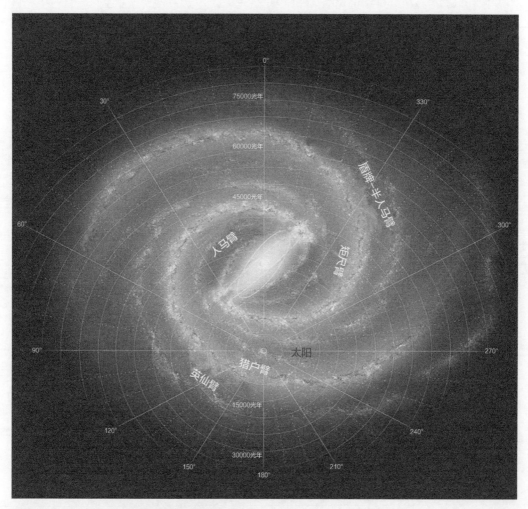

银河系新图，2008年6月据斯皮策空间望远镜观测资料绘制

◯⁎ 9.2　宇宙岛之争

　　18 世纪以后天文望远镜有了比较大的改进。通过天文望远镜，天文学家看到星空中的一些天体，朦胧的结构好像云雾状的斑点。当时的法国天文学家梅西叶专门制作了《梅西叶星云星团表》，其中记录了 110 个这种类型的天体（104~110 号天体为后人加入），目的是告诉当时的天文学家和天文爱好者用望远镜搜寻彗星时，不要把这 110 个天体误认成彗星，因为它们在星空中有固定的位置，且不是太阳系的天体。但是它们究竟是什么天体，人们当时并不是很清楚，可这个表一直到现在还被天文爱好者广泛使用，因为它囊括

了几乎所有业余级小望远镜能看到的非星天体。现在我们知道，这 110 个天体分 3 种类型：银河系里的星云、银河系里的星团（包括疏散星团和球状星团），以及银河系外别的星系。对这 3 种不同类型的天体，天文界曾经有过长时间的争论，这就是所谓"宇宙岛之争"。

1755 年德国哲学家康德提出，茫茫宇宙有许许多多与银河系同等级别的星系，就像大海拥有许许多多的岛屿一样。1908 年 NGC、IC 星表问世（参见 7.3 天文知识小卡片），登记在册的云雾状天体已有 1 万多个。它们中的一些成员是与银河系同等级别的宇宙岛，还是仍为银河系内的天体？这个问题反反复复争论了 100 多年，直到 1923 年美国天文学家哈勃采用当时世界上最大的、位于美国加利福尼亚州威尔逊山天文台的口径 2.5 米的光学望远镜，观测到仙女座星云（在《梅西叶星云星团表》中编号为第 31 号的天体 M31）中的一颗造父变星，即下图中右下角放大了的 VAR，后来被命名为 V1，被认为是天文学史上最重要的一颗恒星。左边大图是哈勃空间望远镜拍摄的 M31 局部。哈勃根据造父变星的周光关系精确地算出了 M31 的距离——距地球约 220 万光年，这显然已经远远地超出了银河系的疆界。再根据它的视直径估算，它的真实直径竟比银河系大一倍。所以它显然是一个庞大的河外星系。哈勃的观测结果最终结束了人们关于宇宙中是否存在宇宙岛的长期争论。M31 不再被叫作仙女座星云，而改为仙女星系了。

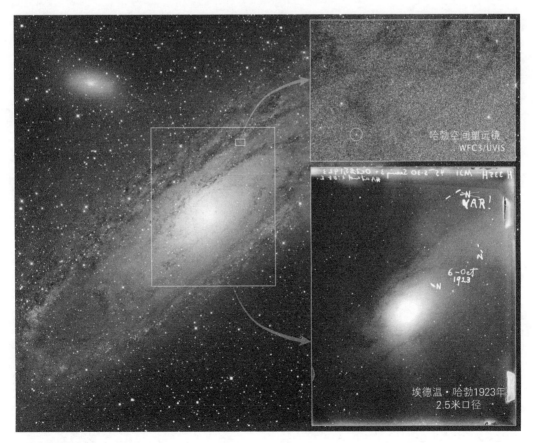

M31 中的造父变星 V1

○ 9.3　星系的分类

　　哈勃把所有观测到的河外星系大体分成 3 类：第一类是椭圆星系，没有旋涡结构，基本是圆形或者椭圆形的，用英文字母 E 开头，依椭的程度编号为 E0、E1、E2 等；第二类是旋涡星系，有明显的旋涡结构，以英文字母 S 开头，依核球大小和旋臂伸展程度编号为 Sa、Sb、Sc 等；第三类是棒旋星系，也属于旋涡星系，但它的核心部分不是圆形的，而是棒形的，用英文字母 SB 开头，编号为 SBa、SBb 等。在这 3 类之外还有不规则星系，它没有可辨认的核，也没有旋涡结构，形状不对称，用字母 Irr 表示。虽然这种分类法比较粗略，但是一直沿用至今。

椭圆星系

　　下面展示两个椭圆星系的图片：左图是室女座椭圆星系，其质量是银河系的 4 倍，图片由 CFHT 拍摄；右图是波江座椭圆星系 NGC1132，图片由哈勃空间望远镜拍摄。

室女座椭圆星系 M87，E1 型，距离 5500 万光年

波江座椭圆星系 NGC1132，E5 型，距离 3.18 亿光年

旋涡星系

天文望远镜拍摄了很多旋涡星系的照片，其中大部分是哈勃空间望远镜和斯皮策空间望远镜拍摄的，也有些是由地面望远镜拍摄的，包括位于智利的欧洲南方天文台 4×8 米 VLT 望远镜（由欧洲国家建造，世界上最强大的地面望远镜之一）。下面展示一些精彩的旋涡星系照片。

猎犬座 M51，Sc 型，距离 3100 万光年，哈勃空间望远镜拍摄

大熊座 M81，Sb 型，距离 1200 万光年，斯皮策空间望远镜拍摄

长蛇座 M83，Sa 型，距离 1500 万光年，VLT 拍摄

大熊座 M101，Sc 型，距离 2100 万光年，哈勃空间望远镜拍摄

室女座 M104 草帽星系，Sb 型，距离 2800 万光年，哈勃空间望远镜拍摄

草帽星系的红外图像，斯皮策空间望远镜拍摄

猎犬座 M106，Sb 与 Sc 中间型，距离 2350 万光年，哈勃空间望远镜拍摄

波江座 NGC1232，Sc 型，距离 6000 万光年，VLT 拍摄

仙王座 NGC2276，Sb 与 Sc 中间型，距离 1.2 亿光年，哈勃空间望远镜拍摄

天龙座 NGC3147，Sb 与 Sc 中间型，距离 1.3 亿光年，哈勃空间望远镜拍摄

狮子座 NGC3370，Sc 型，距离 9800 万光年，
哈勃空间望远镜拍摄

半人马座 NGC4622，Sb 型，距离 1.1 亿光年，
哈勃空间望远镜拍摄

后发座 NGC4414，Sc 型，距离 6200 万光年，
哈勃空间望远镜拍摄

仙王座 NGC6946，Sc 型，距离 1000 万光年，
哈勃空间望远镜拍摄

棒旋星系

望远镜拍摄到的棒旋星系也有不少，下面展示一些棒旋星系的照片。

后发座 NGC4314，SBa 型，距离 4000 万光年，哈勃空间
望远镜拍摄

时钟座 NGC1512，SBa 型，距离 3000 万光年，哈勃空间
望远镜拍摄

波江座 NGC1300，SBb 型，距离 6100 万光年，哈勃空间望远镜拍摄

剑鱼座 NGC1672，SBb 型，距离 6000 万光年，哈勃空间望远镜拍摄

天炉座 NGC1365，SBb 型，距离 6000 万光年，VLT 拍摄

不规则星系

　　不规则星系的数量不多，大、小麦哲伦云就属于不规则星系。它们的特点是没有很明显的外形结构，既看不到旋涡结构，也不具有椭圆星系那样的规整外形。下图中的鹿豹座 NGC1569 和玉夫座 NGC7793 属于不规则星系。后发座 NGC4725 只有一条旋臂，天龙座 UGC10214 拖着长长的尾巴，都算作不规则星系。

鹿豹座 NGC1569，Irr 型，距离 1100 万光年，哈勃空间望远镜拍摄

玉夫座 NGC7793，距离 1000 万光年，斯皮策空间望远镜拍摄

后发座 NGC4725，距离 4100 万光年，斯皮策空间
望远镜拍摄

天龙座 UGC10214，距离 4.2 亿光年，哈勃空间望远镜拍摄

◉ 9.4　星系红移和哈勃常数

天文界公认哈勃是 19 世纪到 20 世纪贡献最大的天文学家。他一生中有两个重要的贡献，一个是测定了仙女星系的真实距离（尽管哈勃测定的数据后来从 220 万光年被修正为 290 万光年），另一个就是发现哈勃关系 $V=HD$。1929 年哈勃根据他在望远镜上的观测给出了这一重要公式，即星系的退行速度与它的距离成正比，其中 V 是星系的退行速度，D 是距离，H 是哈勃常数。

埃德温·哈勃（1889—1953）

星系的退行速度

天体，不管是恒星还是星系，通过光谱测量发现光谱线红移，就表明它在后退，退行速度可以通过多普勒公式计算。哈勃通过对星系退行速度和它们与地球的距离测定，发现星系退行速度的大小和距离成正比，距离越远退得越快，距离越近退得越慢，这就是有名的哈勃关系。

在牛顿经典力学的框架下，$V=cZ$，c 是光速，Z 是红移量，$Z=\Delta\lambda/\lambda$，λ 是天体某条光谱线的波长，$\Delta\lambda$ 是因天体退行而产生的波长的改变量。

在爱因斯坦相对论的框架下，$V=c\dfrac{(Z+1)^2-1}{(Z+1)^2+1}$，或 $Z=\sqrt{\dfrac{c+V}{c-V}}-1$。

如果天体的退行速度不快（$Z<0.1$），这两组公式算出的结果是一样的，但是当退行速度很快，甚至接近光速时，就必须用爱因斯坦相对论的公式。在牛顿经典力学的公式中，如果 $Z>1$，退行速度将大于光速，这是不允许的；用爱因斯坦相对论的公式，则无论 Z 多大，退行速度都小于光速。

1929 年哈勃发表第一篇文章时给出的结果，是在当时世界上最大的口径为 2.5 米的望远镜上观测得到的，所依据的测量样本只有 46 个河外星系的红移，其中只有 24 个知道精确的距离。46 个天体里最远的离我们 600 多万光年，这个空间范围不大。为了进一步检验在更大的空间范围中，是否仍满足哈勃关系，到 1931 年时哈勃把测量范围扩大到 1 亿光年，比当初的 600 万光年要大得多。到 1948 年，美国在帕洛马山天文台建成了更大的 5 米口径望远镜，哈勃立即移师帕洛马山，用 5 米口径望远镜观测，又把空间范围扩大到 50 亿光年。结果证实，哈勃关系依然成立。1953 年哈勃在英国有名的《皇家天文学会月刊》上发表了关于红移定律的最后论文（从此哈勃关系也叫红移定律），同年 9 月，哈勃辞世，享年 64 岁。红移定律是宇宙空间膨胀的观测证据。

现在我们经常提到的哈勃空间望远镜，就是以他的名字命名的，它于 1990 年发射，造价 21 亿美元，至今仍在运转。接替哈勃空间望远镜的詹姆斯·韦布空间望远镜（简称 JWST，为纪念美国 NASA 第二任局长詹姆斯·韦布而以他的名字命名）已于 2021 年 12 月 25 日发射升空，将在离地球 150 万千米的第二拉格朗日点上进行红外波段的天文观测，其口径为 6.5 米，造价 97 亿美元，是迄今人类建造的最强大空间望远镜。

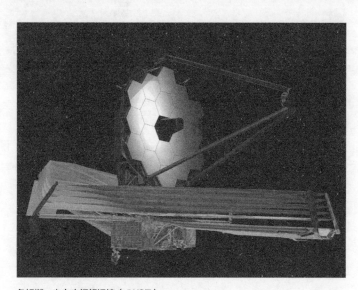

詹姆斯·韦布空间望远镜（JWST）

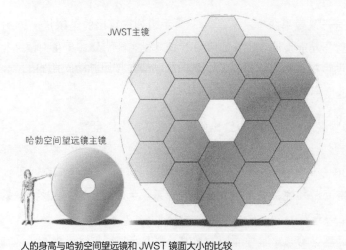

人的身高与哈勃空间望远镜和 JWST 镜面大小的比较

JWST 公布的首张飞鱼座 SMACS0723 宇宙深空图

2022 年 7 月 12 日北京时间 22：39，美国公布了 JWST 拍摄的首批 5 张彩色照片，第一张是飞鱼座 SMACS0723 星系团附近的宇宙深空图。

哈勃空间望远镜拍摄的飞鱼座 SMACS0723 宇宙深空图

SMACS0723 是一个距离 46 亿光年的星系团，位于南天飞鱼座。JWST 所拍图片幅宽仅 2.4 角分（约月亮直径的 1/12），却显示出数以千计的星系，比之前哈勃空间望远镜拍摄的清楚多了。

下图是 SMACS0723 的同一局部，JWST 与哈勃空间望远镜所拍清晰度的比较。

JWST（左）与哈勃空间望远镜（右）所拍照片清晰度的比较

JWST 首发的另外几张照片分别是：银河系内的船帆座行星状星云 NGC3132，距离 2600 光年；斯蒂芬五重星系 HCG92，距离 2.7 亿光年，位于飞马座与蝎虎座之间；银河系内船底座星云 NGC3324 中的恒星形成区，距离 7500 光年。下面展示它们与哈勃空间望远镜所拍照片的对比图。

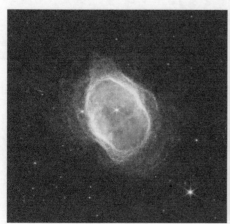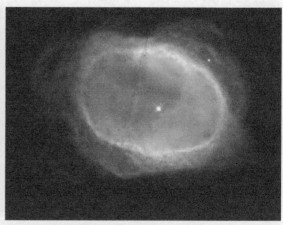

JWST 拍摄的船帆座行星状星云 NGC3132　　　　哈勃空间望远镜拍摄的船帆座行星状星云 NGC3132

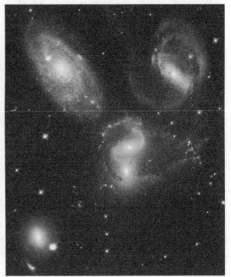

JWST 拍摄的斯蒂芬五重星系 HCG92

哈勃空间望远镜拍摄的斯蒂芬五重星系 HCG92

JWST 拍摄的船底座星云 NGC3324 中的恒星形成区

哈勃空间望远镜拍摄的船底座星云 NGC3324 中的恒星形成区

◯ 9.5 空间在膨胀

哈勃关系在宇宙学研究中的重大意义在于，它是宇宙膨胀的观测证据。从逻辑推理的角度能够证明——哈勃关系成立与宇宙在均匀膨胀可以互为因果关系，即如果宇宙在均匀膨胀，可以导出哈勃关系；反过来，承认哈勃关系，即证明宇宙是在均匀膨胀的。

对哈勃关系更深刻的理解应当是，不是星系在空间中做退行运动，而是空间自身在膨胀！好比教室里现在坐着 100 位同学，每一位同学都看到其他同学在往后退，而且离得越远退得越快，这就是哈勃发现的现象。其实每一位同学都坐在那儿没有动，而是整个教室的空间在膨胀。同样的道理，哈勃看到的星系退行运动，是整个宇宙空间在膨胀的反应，这就是哈勃关系重大的理论意义。

曾获诺贝尔奖的美国物理学家温伯格（S.Weinberg）对此有过较通俗的论证。如下图所示，设有 A、B、C、D、E 共 5 个星系，它们均匀地排在一条直线上，因为整个宇宙空间在均匀膨胀，这 5 个星系互相之间相距越来越远，那么无论从哪一个星系的角度看别的星系，必然都在退行。如果用箭头长短代表退行速度的大小，我们就会看到退行速度与距离成正比，可见哈勃关系成立。反之，如果哈勃关系成立，至少说明以 5 个星系为表征的所观测到的宇宙在均匀膨胀着。这种因果关系，无论从哪一个星系看都是一样的。宇宙没有中心，宇宙膨胀并不要求宇宙一定是有限的。即使原本是无限宇宙，也可以从小的无限膨胀到更大的无限。对于有限宇宙，哈勃关系没有否定存在一个中心的可能。但天文学家普遍认为宇宙没有中心，至少，把人类所在的银河系当成宇宙中心是不可取的。

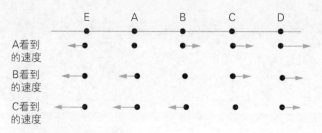

宇宙膨胀和哈勃关系示意图

　　在一些科普类的文章里，通常用吹气球来比拟宇宙膨胀的概念。气球的表面代表宇宙，气球表面上的一些彩色斑点代表星系。如下图所示，当气球被吹大时，斑点之间的距离也就跟着变大了，而且一定是离得远的斑点比近处的走得更远。这种比拟很形象，也容易理解。但要特别注意一点，这是把现实三维空间抽掉一维变成二维的，但弯曲成一个球面的结果。所有的星系，包括其中的太阳、地球和我们每一个人都是二维的物体，都处在这个球面上，球面以外没有空间。这个球面就是二维、弯曲的无限空间。从二维的角度来看，宇宙没有中心，任何一点都可以是中心。从球面上任何一点无论向前、向后、向左、向右，永远都走不到尽头，这是一个无限的空间。回到现实，我们处在三维空间里，但它是一个弯曲的三维空间，也是永远都走不到尽头的无限空间，这个无限空间的弯曲是在更高的维度上进行的，在三维人的意识里，很难直观想象出更高维度的存在，只能从理论公式中加以推导。还有一点需要注意，气球表面的斑点，随着气球的膨胀也会变大，但在现实宇宙中，星系的尺度并没有随着空间的膨胀而胀大，这是因为星系内部的物质之间有引力维系着。同样的道理是宇宙在膨胀，但恒星没有膨胀，地球没有膨胀，我们每个人也没有膨胀。

用吹气球比拟宇宙膨胀和宇宙没有中心

⊙* 9.6　宇宙特征膨胀年龄

宇宙的年龄究竟有多大，这是多年来一直困扰人们的问题。通过不同时代天文学家的观测研究，我们现在终于慢慢接近了真相。

哈勃常数和宇宙特征膨胀年龄的关系

哈勃关系公式 $V=HD$ 中的哈勃常数 H，单位是千米/（秒·百万秒差距）。其物理含义就是当距离每增加 100 万秒差距的时候，退行速度就提高 1 千米/秒。

根据宇宙膨胀的概念，时间越往从前回溯，宇宙越小，如果宇宙一直以一个不变的速度膨胀，那么总有一个时间，宇宙的大小是 0，从那时起到现在积累的时间就是宇宙的年龄，它应当等于哈勃关系公式里 H 的倒数，即 $1/H$。理由很简单：设 A、B 两个星系之间现在的距离是 D，宇宙诞生之初，它们原本是聚拢在一起的，然后彼此以不变的速度 V 位移到今天的位置，所耗费的时间为 T，那么显然有 $D=TV$，即 $T=D/V=1/H$，T 就是宇宙的年龄。但是，"宇宙一直以一个不变的速度膨胀"，这一前提是否正确？在这里要特别注意，宇宙均匀膨胀和匀速膨胀是两个不同的概念。均匀膨胀是指同一历史时期，宇宙空间各处都在膨胀，而且遵从哈勃定律——膨胀速度与距离成正比。不同距离处的星系膨胀速度是不同的。就好比吹气球，不存在由于气球薄膜各部分的材质或厚薄不均匀而出现的膨胀程度不同的情况。均匀膨胀已为哈勃关系所证明。而匀速膨胀是指在宇宙不同的时期，膨胀速度是一样的，不存在加速或减速膨胀的情况。并据此推导出宇宙的年龄为 $1/H$，H 越大，宇宙年龄越小。既然 $1/H$ 代表宇宙的年龄，那么不同时期宇宙年龄不同，应当有不同的哈勃常数值。在某一时期，计算宇宙年龄时，应当用当时的哈勃常数值。通常用 H_0 表示现代的哈勃常数测定值。那么，现在的宇宙年龄就等于 $1/H_0$。

然而，宇宙真的是一直匀速膨胀的吗？最新的天文观测表明并非如此，现在的宇宙正在加速膨胀，说明过去某个时期的膨胀速度比现在慢。如果宇宙一直加速膨胀，$1/H_0$ 将小于宇宙真实年龄；如果宇宙一直减速膨胀，$1/H_0$ 将大于宇宙真实年龄。$1/H_0$ 并不是宇宙的真实年龄，而被称为"哈勃年龄"或"宇宙特征膨胀年龄"。

当前最精确的测量数据［威尔金森微波各向异性探测器（WMAP）取得的成果，2012 年］是 $H_0 = 69.32 \pm 0.80$ 千米/（秒·百万秒差距），由此计算宇宙特征膨胀年龄 $1/H_0 = 141.1$ 亿岁。WMAP 给出的宇宙真实年龄为（137.7 ± 0.6）亿岁，两者相差无几，而宇宙真实年龄是用独立于哈勃常数的别的方法得到的。这不是偶然巧合，可以理解为哈勃常数从古到今的变化，即宇宙一开始减速膨胀，后来又加速膨胀的过程，平均起来，刚好与现在的膨胀速度相当。据天文学家根据实际观测给出的推断，宇宙由减速膨胀转到加速膨胀的时间是在约 50 亿年之前，恰巧是太阳系正在形成的时期。

不同年代测算的 H_0 值

由于采用的天文观测技术和仪器精度不同，不同年代测出来的 H_0 值差别很大。哈勃本人测算的 H_0 是 530 千米 /（秒·百万秒差距），根据这个数据换算出宇宙特征膨胀年龄只有 20 亿岁这么大，这个结果引发了很大的疑问，这也太不合理了。事实上我们用各种方法测算出的地球年龄已经有 40 多亿岁，而宇宙年龄才 20 亿岁，不可能还没有宇宙就先有了地球。现在我们知道出错的原因是当年天文观测仪器的精度不高，对一些物理因素没有考虑进去，以至于测出的 H_0 值太大。到了 20 世纪 70 年代，改进仪器后测算出的 H_0 值缩小到 55~95 千米 /（秒·百万秒差距），相应的宇宙特征膨胀年龄在 180 亿 ~105 亿岁。哈勃空间望远镜上天以后，20 世纪 90 年代得出的 H_0 值是 65 千米 /（秒·百万秒差距）左右，相应的宇宙特征膨胀年龄是 150.4 亿岁。进入 21 世纪，更多的空间望远镜上天，更多的精确测量方法出现。现在我们获得的 H_0 的最新数据是 69.32 千米 /（秒·百万秒差距），误差是 ±0.80 千米 /（秒·百万秒差距），相应的宇宙特征膨胀年龄是 141.1 亿岁。再综合一些独立于 H_0 的别的方法，得到的宇宙真实年龄是（137.7±0.6）亿岁。

不同时期 H_0 的测定值如下表所示。

不同时期 H_0 的测定值

时间	H_0/[千米/（秒·百万秒差距）]	（$1/H_0$）/亿岁	宇宙年龄/亿岁
20 世纪初期	530	20	—
20 世纪 70 年代	55~95	180~105	—
20 世纪 90 年代	65	150.4	—
2008 年	70.5±1.3	138.7	137.2±1.2
2012 年	69.32±0.80	141.1	137.7±0.6

第 10 章
星系群、星系团、超星系团与活动星系

10

前面我们已经学习了星系的知识，不同的星系在一起，会组成星系群、星系团、超星系团。本章我们就来揭开宇宙中这些不同层次的天体结构，以及一部分特殊的活动星系的神秘面纱。

10.1 本星系群

本星系群就是人类自身所在的银河系加上周围的一些星系组成的群体，因为我们自身在其中，所以叫作本星系群。本星系群由 40 多个成员组成。下表列举的是本星系群的部分成员，包含它们的名称、类型、距离（万秒差距）、直径（万秒差距）、质量（以太阳的质量 $M_\odot$ 为单位）等物理参数。

本星系群部分成员情况

名称	类型	距离/万秒差距	直径/万秒差距	质量/$M_\odot$
大麦哲伦云	Irr I	5.5	0.92	2×10^{10}
小麦哲伦云	Irr I	6.4	0.77	6×10^{9}
M31	Sb	89.0	6.00	4×10^{12}
M32	E2	89.0	0.25	3×10^{9}

续表

名称	类型	距离/万秒差距	直径/万秒差距	质量/$M_\odot$
M110	E5	89.0	0.52	1×10^{10}
M33	Sc	92.0	1.84	2.5×10^{10}
NGC147	E5	73.6	0.32	1×10^{9}*
NGC185	E3	70.6	0.30	1×10^{9}*
IC1613	Irr	89.0	0.4*	2×10^{8}*
NGC6822	Irr	55.2	0.17*	3×10^{8}*
玉夫星系	E3	8.6*	0.24*	3×10^{6}*

注: * 表示较早期的数据。

　　下图是本星系群中大大小小的星系在三维空间里的分布情况。本星系群内部分成两个小群: 一个小群以银河系为主，包括其周围的一些星系；另外一个小群以 M31 仙女星系为中心，包括其周围的一些星系。整个本星系群的空间跨度大概是 650 万 ~ 1000 万光年，而银河系的银盘部分直径只有 10 万光年。

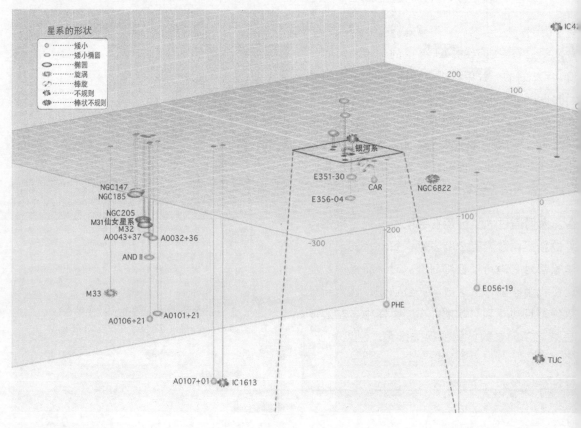

本星系群中星系空间分布

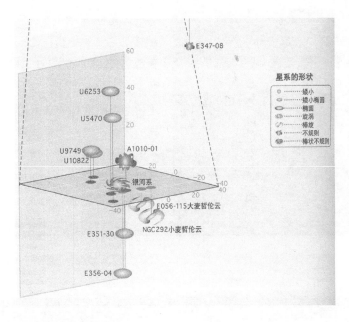

银河系附近星系空间分布

左图是本星系群星系空间分布的局部放大图，显示的是银河系周围星系的空间分布，其中离银河系最近的两个星系是大麦哲伦云和小麦哲伦云。此图和上页图取自林完次和渡部润一所著的《星座奥秘探索图典》（浙江教育出版社2002年中译本第114页），图中依据早期的资料将银河系画成旋涡星系，大、小麦哲伦云画成棒旋星系。但根据新的资料，银河系是棒旋星系，大、小麦哲伦云是不规则星系。

大麦哲伦云和小麦哲伦云

大麦哲伦云和小麦哲伦云并不是星云，而是两个河外星系，与银河系有密切的关系。在它们周围有一些由气体物质组成的桥，因此，这两个星系互相有联系。因为这两个星系离银河系很近，也有人称它们为银河系的两个伴星系。

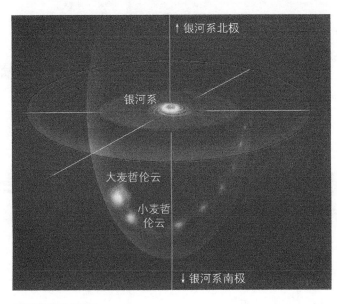

银河系的两个伴星系

大麦哲伦云位于南半天球南天极附近，有相当于20个满月大小。在大、小麦哲伦云附近还有全天第二亮星船底座 α（老人星）和全天第十亮星波江座 α（水委一）。

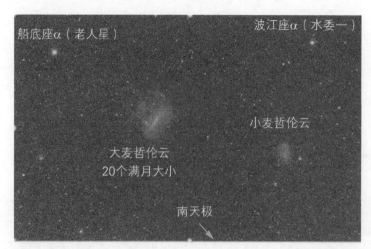

南天极附近的星空

大麦哲伦云位于南纬70度左右处；小麦哲伦云更靠近南极，在南纬73度左右。在南半球，它们是两个肉眼能见的非常漂亮的天体，但在北半球看不到它们。现代空间望远镜对大麦哲伦云、小麦哲伦云都做了仔细观测。

大麦哲伦云直径约为3万光年，距离18万光年，斯皮策空间望远镜拍摄

小麦哲伦云直径约为 2 万光年，距离 21 万光年，斯皮策空间望远镜拍摄

除了大麦哲伦云、小麦哲伦云之外，在本星系群里还有几个重要的成员。特别突出的是M31，即仙女星系，它的类型是Sb 型，直径约 16 万光年，几乎比银河系大一倍，距离 290 万光年。在 M31 附近还有两个星系，一个是 M32，另一个是 M110，它们相对来说比较小。在更远的地方，还有一个星系 M33。

M31、M32、M110 这 3 个星系相距较近

M32，E2 型，直径约为 8000 光年

M110，E5 型，直径约为 1.7 万光年

三角座 M33，Sc 型，直径约为 6 万光年，距离 300 万光年

◉ 10.2 其他星系集团

    星系群通常是指成员数少于 100 的星系组成的群体，而成员数多于 100 甚至达 1 万以上的叫作星系团。星系群、星系团是同一级天体，只是成员数不同。星系群范围不是很大，而星系团范围要大很多，甚至达到 100 兆～ 500 兆秒差距（兆秒差距即百万秒差距）。下面展示的是一些星系群的照片。

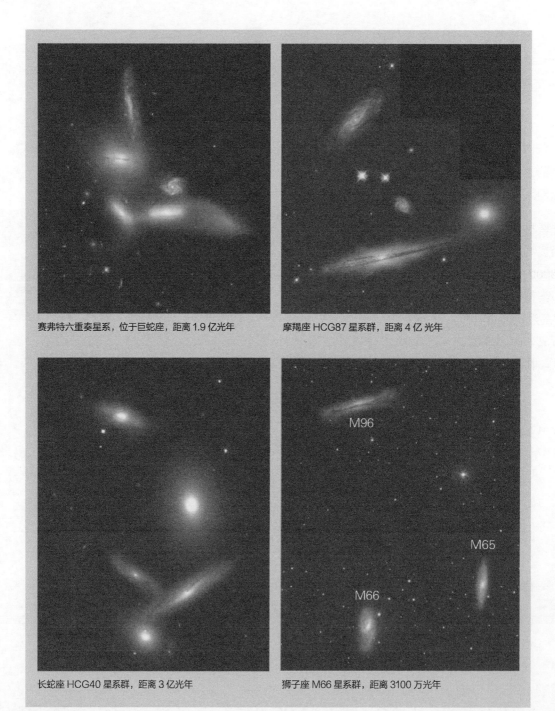

赛弗特六重奏星系，位于巨蛇座，距离 1.9 亿光年

摩羯座 HCG87 星系群，距离 4 亿光年

长蛇座 HCG40 星系群，距离 3 亿光年

狮子座 M66 星系群，距离 3100 万光年

　　星系团比星系群大得多，例如室女星系团就拥有 2500 多个成员，距离我们 6000 万光年，它的中心天体是 M87 超巨椭圆星系。室女星系团在天空中所占的面积相当大，下图展示的是室女星系团中许多星系的分布情况。

室女星系团的中心天体是超巨椭圆星系 M87

室女星系团在天球上的位置

下面展示一些其他星系团的照片。

半人马座 Abell S0740 星系团，距离 4.63 亿 光年

武仙星系团，距离 5 亿光年

大熊座 Abell 1185 星系团，距离 4 亿光年

超星系团

　　许许多多星系团和星系群组成的一个更高级的团体就叫超星系团。我们自身所在的超星系团包括本星系群，还有附近的室女星系团、大熊座中的星系团，它们组成了一个更高级的天体系统，叫本超星系团。本超星系团的空间范围达到3000万秒差距（1亿光年左右）。除了本超星系团之外，当然还有更多的别的超星系团。

　　下图是2007年NASA公布的APM（底片自动测量）星系巡天的拼图。在以南银极为中心约100度的天空范围内，有约200万个星系。整个宇宙星系的总数当然更多，目前我们人类观测到的只是其中很少的一部分。

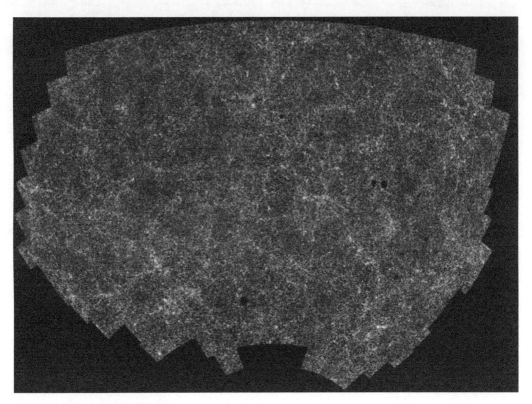

NASA公布的局部宇宙的星系拼图

　　下面3张图是1995年哈勃空间望远镜拍摄的大熊座宇宙深空图（Hubble Deep Field，HDF）。第一张图是全貌，是在连续10天之内经342次拍摄，然后拼接而成的，最暗的星系为30星等。第二张图是其中的一角，跨度只有1/30月球直径大小，其中却有1500多个星系，最远距离120亿光年。第三张图指示了这张哈勃深空图拍摄点的位置。

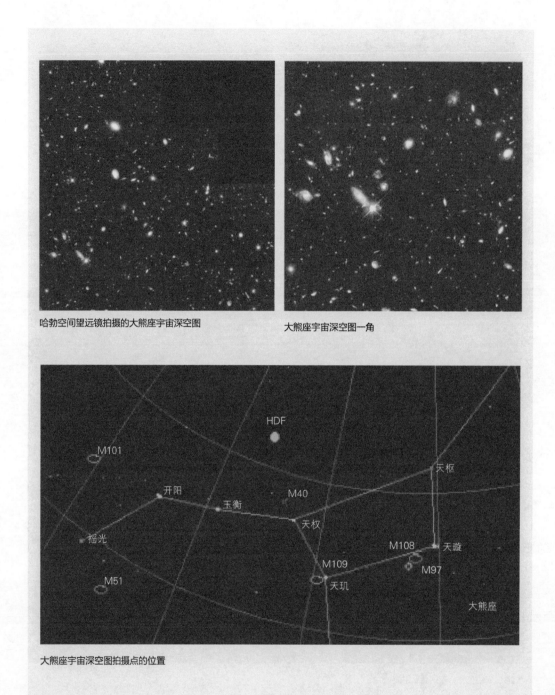

哈勃空间望远镜拍摄的大熊座宇宙深空图　　　　大熊座宇宙深空图一角

大熊座宇宙深空图拍摄点的位置

　　下图是 2003 年 9 月哈勃空间望远镜拍摄的南天天炉座宇宙深空图，在 1/10 月球直径范围内，有约 1 万个星系。小图是其一角。

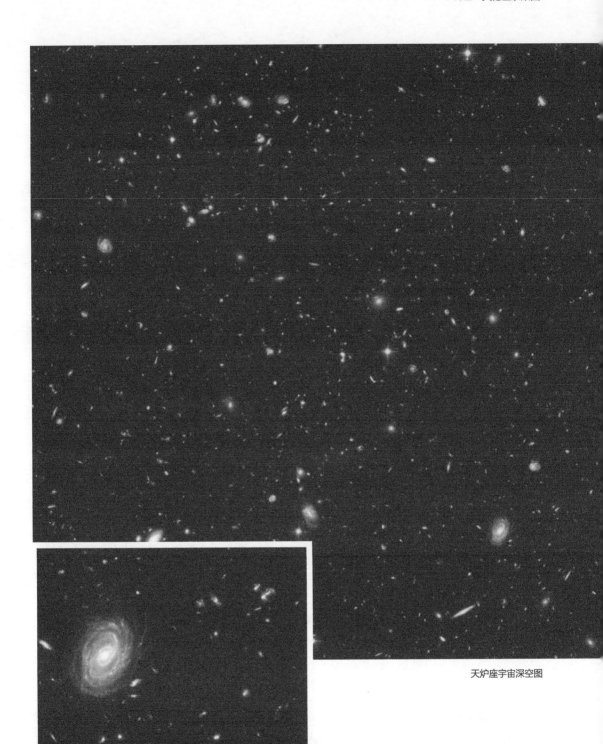

天炉座宇宙深空图

天炉座宇宙深空图一角

总星系

现代天文学家把一个星系作为一个基本点，银河系在英语中的科学名词是 Galaxy，首字母是大写的 G，如果是小写的 galaxy 则泛指某一个河外星系，galaxies 指许许多多河外星系。

银河系与 M31 仙女星系，以及大麦哲伦云、小麦哲伦云，等等，一共 40 多个星系组成本星系群。它的空间尺度大概是 650 万～1000 万光年。

而本超星系团的空间范围已经扩展到 1 亿光年左右。在本超星系团之外，还有别的超星系团，例如英仙 – 双鱼超星系团和其他的超星系团。许许多多的超星系团组成了一个更高级的系统，称为总星系。总星系就是现在人类所认识到的最高级的天体系统。人类观测的能力还没有越出总星系这个范围。

这样看来一共有 4 级天体结构，星系是第一级，星系群或星系团是第二级，超星系团是第三级，总星系是第四级，而且级别越高，成团特性越不明显，应该不会再有比总星系更高级的天体结构系统了。这就是现代天文学家所认识到的天体的分层结构，而星系内部有恒星，恒星周围又有行星，银河系几千亿颗恒星中有一颗普普通通的恒星——太阳，太阳周围的行星中有地球，地球上面有好多国家，每一个人属于某个国家，居住在某个城市或村庄，要具体到一个地点，才是这个人所处的位置。太阳的直径与银河系的直径之比，约为 1.4 毫米与 90 万千米之比，人类在宇宙中的渺小可想而知。但渺小的人类居然能够认识如此宏大的宇宙，可见人类真的非常伟大。

◉ 10.3　活动星系

从哈勃开始研究到现在这 100 多年来，人类已经通过望远镜观测到几千亿之多的星系。最初人们认为星系是遥远、宁静而庞大的天体系统，但是后来的天文学研究又让人们看到在星系里有一小部分（占 2% 左右）表现出大规模的物质涌动、爆发、吸积和喷流，或者相互之间有激烈的扰动，这样的星系称作活动星系。

普通的星系主要由恒星组成，只有很少一部分非恒星物质，如星云或者其他的物质结构。但活动星系里面的非恒星物质比例要高得多，这些物质表现出非热辐射、非热平衡，活动非常激烈。活动星系又分成以下几种不同的类型。

射电星系

这个名称源自人类通过射电望远镜观测到星系有强烈的射电波发射，最早的例子是天鹅座 A（A Cyg），或称 3C405。它的射电波表现为双瓣结构，即发出射电波的区域分成两部分，好像两朵花瓣，两瓣之间的空间距离达到 45 万光年左右，距离太阳约 8.3 亿光年，现代空间望远镜发现双瓣中间有光学结构，存在着一个中心天体。右图中图（a）是图（b）中间部分的放大图，图（a）中红色字母 V 表示可见光波段拍摄，图（b）中红色字母 R 表示射电波段拍摄。

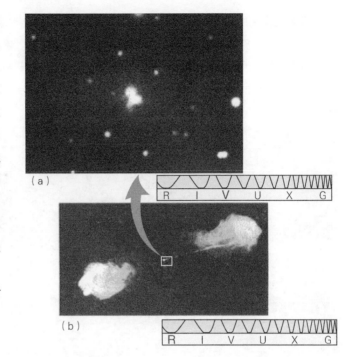

天鹅座 A 的射电双瓣结构

右图是半人马座 A（A Cen）双瓣结构的射电星系，它是通过射电、光学和 X 射线望远镜综合观测得到的图像，距离地球约 1100 万光年。

半人马座 A（A Cen）双瓣结构的射电星系

室女星系团的中心天体 M87 是一个超巨椭圆星系，也称室女座 A 射电源，离我们约
5500 万光年。下图是它的射电图像及核心区的分解图。右边是 90 厘米波段处星系的全
貌，其中心的红色葫芦状核心区放大为左上图，其中有一股红色喷流，顶端再放大成哈勃
空间望远镜的红外图像，VLA 是美国甚大阵（Very Large Array）的缩写。

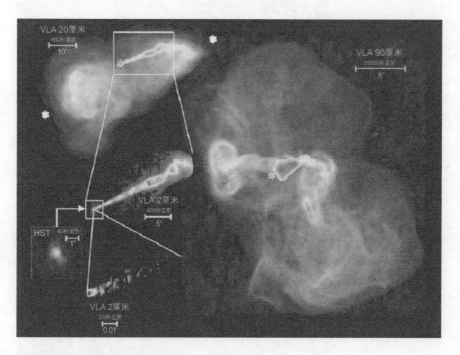

M87 的射电图像及核心区的分解图

下图中的图（a）是斯皮策空间望远镜给出的 M87 核心区图像，它有一个很明亮的
中心核，引出一条细长的喷流。图（b）是放大的中心核，其中两个取样点一端表现为
红移，另一端表现为蓝移［见图（c）］；一部分远离我们而去，另一部分靠近我们而来。
这说明中心核在高速旋转。进一步的研究发现 M87 的核心部分存在一个质量约为太阳
质量的 65 亿倍的巨型黑洞。天文学家 2019 年发布的人类拍摄到的第一张巨型黑洞真
实照片，正是 M87 的中心黑洞。

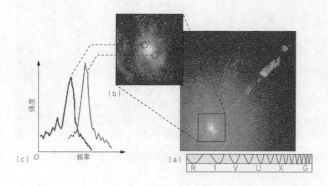

M87 的中心核在高速旋转

爆发星系

　　爆发星系表现为星系中心部分有大量的物质喷发出来。下图是位于大熊座的爆发星系 M82，距离 1200 万光年。它的中心区有大量的物质往外喷发，喷发的速度达到 1000 千米/秒。2014 年时，人们发现其中有超新星爆发。

大熊座 M82 爆发星系

M82 中的超新星爆发

　　大熊座 NGC3079 爆发星系，距离 0.5 亿光年，其直径达 3000 光年的中心区域正在喷发大量热气体。

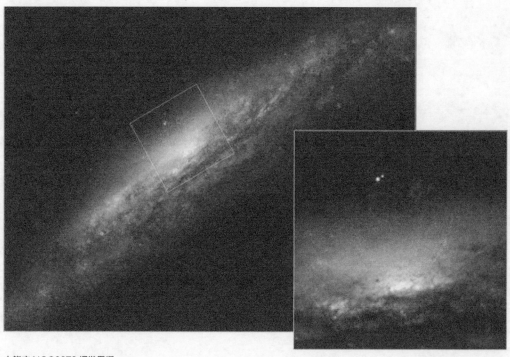

大熊座 NGC3079 爆发星系

赛弗特星系

天文学家赛弗特 (C. K. Seyfert) 最先发现这种类型的星系，其特点是有极其亮的核心结构，并有明显的亮度变化，变幅为 2 ~ 3 倍，周期为几天至几年。短时间曝光，只能拍下它们的亮核，长时间曝光才能显出周围的结构和旋臂外形，亮核的尺度一般不超过 10 光年。赛弗特星系有非常强烈的射电辐射和 X 射线辐射，可见光波段光度不高。下面展示一些赛弗特星系图像：猎犬座赛弗特星系 NGC4151，距离 4000 万光年，核区的尺度为 1/6 光年，每年约有 $100M_\odot$ 质量的物质从核中被抛射出来；飞马座赛弗特星系 NGC7742，距离 7200 万光年，中央核区十分明亮；圆规座赛弗特星系 Leda50779，距离 1300 万光年，绿色的内环像爆发星系那样有大量热气体喷出；赛弗特星系 NGC262 位于仙女座与双鱼座之间，距离 2.02 亿光年，直径 260 万光年，比银河系大 25 倍。

猎犬座赛弗特星系 NGC4151

飞马座赛弗特星系 NGC7742

圆规座赛弗特星系

仙女－双鱼座赛弗特星系 NGC262

BL Lac天体

Lac 是蝎虎座的缩写，BL 是该天体的编号，所以 BL Lac 是指蝎虎座 BL 天体。它有着奇怪的特性，1929 年被发现的时候，它的亮度呈不规则的变化，而且没有任何光谱线，因而人们不知道它与地球的距离，以为它是一颗怪异的恒星，但它又发出很强的 X 射线和射电波。在此后的 30 年间，天文学家再也没有发现第二个与它类似的天体，随着观测技术的提高，特别是有了空间望远镜之后，才逐渐有了新的发现，截至 1998 年已发现了350 多个类似的天体。1974 年，望远镜拍到了这种天体外围的绒毛状结构显露出的光谱，人们才知道它们离我们竟达 10 亿光年之远，而绝对星等竟达到 −22.9 等。如此明亮而遥远的天体，绝非银河系里的普通恒星，应是一种特殊星系。经仔细研究发现，它们是一些巨椭圆星系特别亮的核心部分。这个核心部分并不大，只有几个光日大小，所谓光日就是光在一天所走的距离。当前对于这种 BL Lac 天体的辐射机制、能量转换等问题的研究，是天体物理学的重要课题。下面展示的是 BL Lac 天体 H0323+022 图像和 BL Lac 天体的结构示意图。

BL Lac 天体 H0323 + 022 的光学图像，欧洲南方天文台 NTT（3.6 米新技术望远镜）拍摄

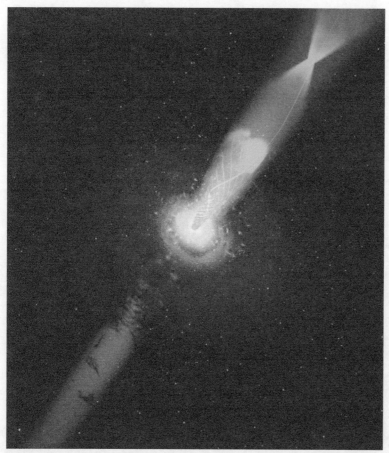

◀ BL Lac 天体的结构示意图

活动星系的演化路径

天文学家通过对活动星系的大量观察研究，逐渐总结出活动星系和正常星系相互关联的演化路径。类星体是非常原始的一种天体结构，关于类星体的介绍请见 10.5 节。它的演化分为两条路径：一条是通过蝎虎座 BL 天体或者射电星系最终演化成正常星系中的椭圆星系；另一条是类星体演变成为赛弗特星系，然后进一步演化成正常星系中的旋涡星系或棒旋星系。这两条演化路径已经由天文学家在大体上达成共识，更深入的研究有待于未来天文学的发展。

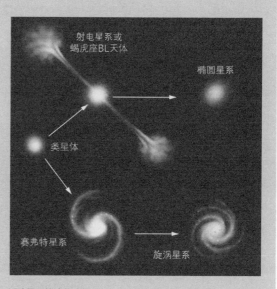

活动星系的演化路径

◎ 10.4 互扰星系

　　互扰星系是指两个或者更多星系彼此靠近，近到物质之间有扰动的情况，是一种活动星系。

　　像下图中一大一小两个星系，下面大的是 M51，也叫 NGC5194，上面小的是 NGC5195，它们到地球的距离是一样的，都是 2500 万光年左右，两个星系被认为在互相扰动。并列的两张照片中，左边是哈勃空间望远镜拍摄的，右边是斯皮策空间望远镜拍摄的，红外图像是处理出来的假彩色。

互扰星系 M51 和 NGC5195

剑鱼座互扰星系 AM 0500-620，距离 3.5 亿光年

大犬座互扰星系 NGC2207/IC2163，距离 1.14 亿光年，一个是正常星系，另一个是爆发星系

大犬座互扰星系 NGC2207/IC2163 的光学与
射电综合图像

乌鸦座互扰星系 NGC4038 与 NGC4039 "水乳交融"，
距离 6200 万光年

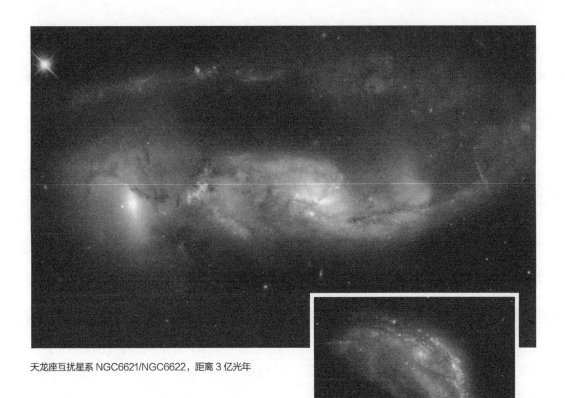

天龙座互扰星系 NGC6621/NGC6622，距离 3 亿光年

天琴座互扰星系 NGC6745，像一个鸟头，距离 2 亿光年

后发座互扰星系 NGC4676，像两只老鼠，距离 3 亿光年

后发座互扰星系 Arp87，像两只水母，距离 3 亿光年

极环星系

极环星系是指两个星系形成一个环状结构，互相扰动在一起。下面展示几张极环星系的照片。

长蛇座极环星系 NGC3314，其中 NGC3314a 距离 1.17 亿光年，NGC3314b 距离 1.4 亿光年

玉夫座 2MASX J482185-2507365，极环正在形成，距离 7.8 亿光年

后发座 M64 黑眼睛星系，距离 1700 万光年

大熊座 Arp148，是 2008 年 NASA 公布的 3 个星系正在碰撞融合在一起的极环星系，距离 4.5 亿光年。

大熊座极环星系 Arp148

◎ 10.5 类星体的结构模型

各种活动星系中，被天文学家认为活动最激烈的一种天体是类星体。类星体为 20 世纪 60 年代天文学四大发现（脉冲星、类星体、3K 微波背景辐射和星际有机分子，都是以天体的射电观测为先导做出的）之一。其中 3 项发现的发现者都获得了诺贝尔物理学奖。对类星体研究作出最大贡献的荷兰天文学家马丁·施密特（M.Schmidt）已于 2022 年 9 月 17 日逝世，享年 92 岁。类星体研究虽然没有获诺贝尔奖，但天文学家普遍认为，发现类星体的深远意义、类星体的研究价值与另外 3 项相比，是有过之而无不及的。

类星体是一种非常怪异的天体，看起来好像是恒星，实际上又不是恒星，其特征可以概括为大红移、远距离、高能量、小尺度。类星体是宇宙中已知最明亮的天体，形成于宇宙的极早期，是非常古老的天体，但又因为距离非常遥远，我们看到的只是它很久以前年轻时的相貌，故而又是宇宙中非常年轻的天体。截至 2017 年底，人类发现的最遥远的类星体是牧夫座 ULAS J1342+0928，它的红移量为 7.54，它的光是 131 亿年前发出的，距大爆炸仅有 6.9 亿年左右。

　　几十年来，天文学家从观测和理论
上对类星体进行了大量的研究工作，类
星体之谜已基本上被解开，它是遥远的
活动星系的亮核：我们看到的类星体
不是活动星系的全貌，只是它发出非常
强烈辐射的、明亮的核心部分，所以尺
度不大。右图是类星体的结构模型，中
央有一个快速旋转的巨型黑洞，黑洞强
大的引力场把周围物质吸引过来堆积成
盘，叫作吸积盘，沿盘面的垂直方向有
两股强大的喷流。吸积盘内侧的物质被
巨型黑洞吞噬时，引力势能被释放出来
转换为强大的辐射。类星体与黑洞之间
强烈的反差构成物质世界的奇迹：黑洞
本身是绝对黑暗的，但若配备上一定的
条件，它就可以变成宇宙中最明亮的天体！

类星体的结构模型

11 第11章 黑洞

黑洞这个名词现在已经广泛流传，但它准确的物理含义很多人可能并不清楚。法国天体物理学家卢米涅（J.P.Luminet）在20世纪90年代出版的《黑洞》一书里给广大公众介绍了黑洞的概念——"黑洞是恒星的一种残骸，它是引力收缩的极点，极端到近乎荒唐。但它又是最精美的天体。了解黑洞并深感困惑之后，我们会进入一个展示时间、空间、光和物质深刻本质的更加深邃的新视野。"当然，这不能算作黑洞的专业定义，而且黑洞远不止恒星残骸这一种类型。

◉ 11.1 什么是黑洞

1967年美国天体物理学家惠勒（J.A.Wheeler）在一次科学报告中第一次使用黑洞（black hole）这一名词，虽然早在这之前在数学领域已经出现过关于黑洞这种天体的讨论。1798年，法国数学、天文学家拉普拉斯在其著作里就有这样一段描述："如果有一种天体，密度如地球，直径比太阳大250倍，那么其表面逃逸速度将达到光速，光这种小粒子因为传不出去而无法被外界接收。"从远方看这个天体是绝对黑暗的，这是早期关于黑洞的数学描述。

20世纪量子力学理论出现后，人类又进一步认识到光不仅是粒子，同时又是波，这就是所谓波粒二象性。20世纪初，德国天文学家施瓦西(K. Schwarzschild，又译作史瓦西)在爱因斯坦发表广义相对论一个月后，就得到了一组基于弯曲空间概念的引力场方程的解析解。他在解析解里给出了关于引力半径的公式：

$$R_g = 2GM/c^2$$

G 是万有引力常数，M 是天体质量，c 是光的传播速度，R_g 被称为引力半径，后称施瓦西半径。当某个物体质量大到一定程度，并全都被限制在它的引力半径的空间范围之内时，它周围的时空就会弯曲到极致，以致完全封闭，其内部的任何物质、能量和信息都不可能被传送出来。对于外界来说，这个毫无声息的物体就是一个黑洞。只要知道物体的质量，R_g 就很容易计算出来。

引力半径公式中的 G 和 c 都是常数，唯一的变量就是质量 M。如果约定质量以太阳质量 $M_\odot$ 为单位，长度以千米为单位，则引力半径的公式可简化为 $R_g=2.95M$。举例来说，太阳以它自身的质量为单位，M 的值就是 1，那么太阳的引力半径 R_g 就是 2.95 千米。如果把太阳的全部质量压缩到半径只剩下 2.95 千米，太阳内部的时空就完全封闭，外界永远不可能再得到关于太阳的任何信息，太阳就变成一个黑洞。试算一下地球，太阳的质量是地球质量的 33 万倍左右，如果以 $M_\odot$ 为单位，地球质量 M 应该是 33 万分之一左右，得到的引力半径是 8.9 毫米。也就是说如果我们把地球的半径压缩到 8.9 毫米（一粒葡萄那么大），地球也就变成黑洞了。

当然这只是抽象的数学计算的结果，现实当中有没有什么力能够把太阳或者地球压缩到这么小的引力半径范围之内，使它们变成黑洞呢？没有，太阳和地球都不可能变成黑洞。但是宇宙当中有一类天体能够变成黑洞，那就是大质量恒星。压缩大质量恒星使它们变成黑洞的力，不是别的，正是它们自身的引力。当一个质量大于 $8.5M_\odot$ 的大质量恒星，演变到最后停止一切热核反应的时候，一定会在它自身引力的作用下引发超新星爆发（以下简称"超爆"）。超爆以后残余物质在引力作用下被压缩到引力半径范围之内，就形成了黑洞。

◯⁎ 11.2 黑洞的形成

大质量恒星超爆以后会形成黑洞，这是黑洞形成的物理机制之一。

钱德拉塞卡极限

钱德拉塞卡（S. Chandrasekhar）是一位印度裔的美国天体物理学家，现在在轨的钱德拉 X 射线天文台就是以他的名字命名的。钱德拉塞卡极限是指：一颗恒星完全停止热核反应之后，它的物质会在自身引力的作用下坍缩，如果其质量小于 $1.44M_\odot$，这个天体坦缩到引力受到另外一个叫作电子简并压力的抗衡，就不再坦缩而形成一个相对稳定的物体，被称作白矮星。1.44$M_\odot$这一恒星质量被称为钱德拉塞卡极限。钱德拉塞卡也因这项研究成果而获得 1983 年诺贝尔物理学奖。

在微观世界里，每一个电子都有一定的空间范围，不允许别的电子进入，这种维持一定空间范围拒绝别的电子进入的力，就是电子简并压力。

如果完全停止热核反应之后的恒星质量超过 1.44$M_\odot$，引力将突破电子简并压力的抗衡而使天体进一步坦缩，直至遇到另一个关卡——奥本海默极限。

奥本海默极限

奥本海默（J. H. Oppenheimer）是领导研制第一颗原子弹的美国物理学家，他在理论研究当中也提出一个极限值，被称为奥本海默极限，这个极限值是大约 3$M_\odot$。一颗完全停止热核反应的恒星，如果质量小于 1.44$M_\odot$，它会因为受到电子简并压力的抗衡而变成白矮星停止坦缩；如果质量大于 1.44$M_\odot$，引力将突破电子简并压力而使它进一步坦缩，变成中子星。强大的引力使原有的质子都变成中子。质子因为都带正电而同性相斥，彼此保持着一定的距离。中子因为不带电而不存在这种斥力的作用，中子与中子之间可以非常靠近，使得整个天体变得非常之小，这就是中子星。中子星内部与引力抗衡的力是中子简并压力。可是如果质量超过 3$M_\odot$，强大的引力会突破中子简并压力，就再也没有任何别的力能够抗衡它了，星体坦缩到一个最极端的情况，将形成黑洞。白矮星、中子星的标准数据如下表所示。

白矮星、中子星的标准数据

物理量	白矮星	中子星
质量	1$M_\odot$	2$M_\odot$
半径	8000 千米	10 千米
密度	10^6克/厘米^3	10^{15}克/厘米^3
温度	10^6开	10^8开

下图是太阳、白矮星、中子星大小比较的示意图：如果红色的大圆代表太阳，那么左下边的黑点就代表白矮星，其大小与地球差不多；如果红色的大圆代表白矮星，那么这个小黑点比中子星还要大 10 倍。若缩小到原来的 1 亿分之一，则太阳是一个直径 14 米的大球，白矮星的直径是 10 厘米，中子星的直径只有 0.1 毫米。这些数据不仅是理论上的推导，而且经过了天文观测的验证。

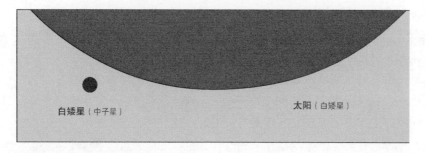

白矮星（中子星）　　　　　　　　　　太阳（白矮星）

太阳、白矮星、中子星大小的比较

◯* 11.3 恒星的特点

恒星的第一个特点就是它拥有巨大的质量。当年英国著名的天文学家爱丁顿在剑桥大学上天文课，一上来就在黑板上写 "2 000 000 000 000 000 000 000 000 000"，然后对学生说："这就是太阳质量的吨数。我知道你们不会介意我多写或者少写了一两个零，可大自然介意。"多写一个零就意味着质量增大成 10 倍，少写一个零就意味着质量少了 90%。

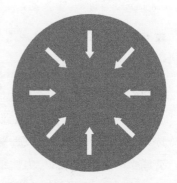

由质量产生的引力使恒星物质聚集在中心

太阳这么巨大的质量一定会产生强大的引力，使得太阳的全部物质聚向中心。

天文知识小卡片

中子星形成之后，在相当长的一段时期内，会以脉冲星的形式被天文学家观测到。当恒星坍缩到体积特别小的时候，磁场极度增强，自转急剧加速，会发出一种集成射束状的定向辐射，叫作同步加速辐射。如果射束方向与自转轴不相重合，射束便快速旋转扫描，像是宇宙中的灯塔。射束一圈圈扫过地球时，地球上就能接收到这种特殊的脉冲信号，信号源被称为脉冲星。脉冲周期就是中子星的自转周期。周期小于 10 毫秒的称为毫秒脉冲星（最短不能小于 1 毫秒）。

脉冲星最突出的性质是脉冲周期非常稳定，最高可达 10^{-18}，相当于每 300 亿年才有 1 秒钟的误差（人类目前最精确的原子钟铯喷泉钟只能达到 10^{-15}，相当于每 0.3 亿年误差 1 秒钟）。

脉冲星是 20 世纪 60 年代天文学四大发现之一，发现于 1968 年，发现者是英国剑桥大学女研究生乔斯琳·贝尔（S.Jocelyn Bell）。此后，脉冲星的观测和研究已两次获得诺贝尔物理学奖。

2016 年落成的、世界最大的 500 米口径球面射电望远镜中国天眼（FAST），是当前世界上发现脉冲星效率最高的天文设备。截至 2021 年 5 月 20 日，FAST 已发现脉冲星 452 颗，含 42 颗毫秒脉冲星，16 对脉冲双星。

中子星经过长时间的能量损耗以后会停发脉冲，还有一些脉冲星射束不能扫过地球，所以观测到的脉冲星数量要少于宇宙中存在的中子星。

大多数恒星的质量比太阳质量还要大，引力也就更加强大。如果这个引力没有另外一个力相抗衡的话，恒星就不可能存在。与引力相抗衡的另外一个力就构成恒星的另一个特点：恒星内部一定有强烈的热核反应，通过热核反应产生的强大压力与引力相抗衡，才能够维持恒星的稳定和存在。最基础的热核反应是 4 个氢原子核（H 核）在高温高压的条件下产生核聚变，聚变后出现 1 个氦原子核（He 核），在这个过程中质量有亏损，亏损的质量转化为能量，与引力相抗衡，并维持恒星产生对外界的光和热辐射。

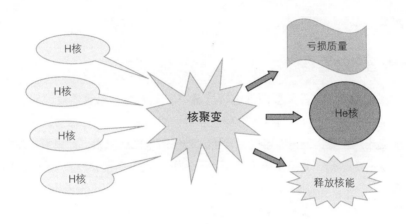

核聚变示意图

这种强烈的热核反应由于产生强大的对外压力以抗衡对内的引力，因此能够维持恒星的存在，而且存在的时间非常之长，通常达到几十亿甚至几百亿年。作为一颗中小型恒星，太阳内部的热核反应每秒都要产生相当于 21 亿颗氢弹爆炸所产生的能量。终有一天，热核反应的原料消耗殆尽，引力最终获胜，恒星便走向死亡。

11.4 恒星的死亡

恒星的诞生在前面介绍星云时已经讲过，下面我们来着重介绍恒星的死亡。

恒星的死亡是由于所有的核燃料都用完了，恒星没有能力再继续进行热核反应，而热核反应停止后压力消失，但由质量造成的引力一直存在，引力让恒星的组成物质向中心坍缩形成白矮星、中子星或黑洞。所以恒星的一生是对其自身引力持久拼死反抗的一生。持久是因为时间长，它用各种办法、各种层级的热核反应维持压力，但是最后总是维持不住，所以这是一种拼死反抗，这种反抗注定要失败。失败的原因就是压力消失，引力获胜，恒星坍缩而亡。在各个层级的热核反应里最基础的是氢原子核聚变为氦原子核，这个反应完成后进入条件更加苛刻的下一个层级的热核反应，要求的温度更高、压力更

大。聚变是由相对原子质量小的化学元素向相对原子质量大的化学元素的方向，逐步进行
$He \rightarrow C \rightarrow O \rightarrow Mg \rightarrow Si \rightarrow S \rightarrow Ar \rightarrow Ca \rightarrow Ti \rightarrow Cr \rightarrow Fe$ 的反应。当内部的热核反应出
现 Fe（铁）原子核的时候，就意味着恒星将面临死亡，因为它不可能有更进一步的反应了，
原子量比铁更大的元素不可能通过热核反应产生，这是元素反应的本性。

　　恒星内部的热核反应在铁之前有很多层级，最终能够进行到哪个层级决定了恒星的死
亡方式。决定因素就是恒星的总质量，质量的大小也决定了恒星的死亡方式、死亡结局和
寿命长短。

不同质量恒星的死亡结局

　　一颗恒星如果在主星序阶段所拥有的质量小于 $2.3M_\odot$，这颗恒星内部进行的热核反
应就到 C（碳）为止，无力进行碳的聚变反应了，星体会坍缩成白矮星。白矮星维持一段
时间后逐渐变成黑矮星，不再有温度，不再发出任何电磁波辐射。如果恒星在主星序阶段
的质量为 $2.3 \sim 8.5M_\odot$，算是中等质量恒星，有能力进行碳的热核反应，而且来势凶猛，
被称为"碳闪"，导致出现超爆，超爆之后不遗留任何物质，一切化为乌有。如果恒星在
主星序阶段的质量超过 $8.5M_\odot$，就是大质量恒星，有能力进行碳以后的一系列热核反应，
直至形成铁原子核。一旦最后的热核反应停止，压力尽失，强大的引力将导致星体迅即坍
缩，引发更加猛烈的超爆。超爆之后，残留物质的质量如果大于 $1.44M_\odot$、小于 $3M_\odot$，它
就会变成中子星；如果大于 $3M_\odot$，它就会变成黑洞。

太阳一生演化的情况

　　太阳从形成到现在，已经有约 50 亿年的历史。再过 50 亿年，太阳中心的氢将全部
燃烧完，太阳也将变成一个氦球。氦球一旦猛然收缩，将导致壳层的氢开始燃烧，体积膨
胀，温度降低，在较短的时期内，太阳将变成红巨星。这时的地球上，大陆已熔化，海洋
会沸腾，如果人类没有及时撤离，将会随地球一道化为蒸气。太阳氦球继续收缩，达到一
定的温度后，氦燃料将燃烧，太阳将继续膨胀到把地球轨道也吞进它的"肚子"里。

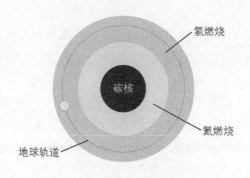

50 亿年之后的太阳

　　过 20 亿年，氦燃料全部烧完之后，剩下的由碳和氧组成的炉渣又会产生第二次收缩，但因为总质量不够，温度达不到发生碳、氧热核反应的程度，这些炉渣只围绕在由碳、氧原子核构成的核心周围，维持着双层氢、氦燃烧的阶段。此时它已达"风独残年"，离死亡不远了。太阳的最后结局是外壳继续扩散，变成行星状星云，核心沦为一颗白矮星，木星等外围行星也许还围着它公转。星云散尽之后，再经若干亿年的冷却，白矮星变为黑矮星，永无声息地游荡在茫茫宇宙之中。下图是太阳一生的演化示意图。

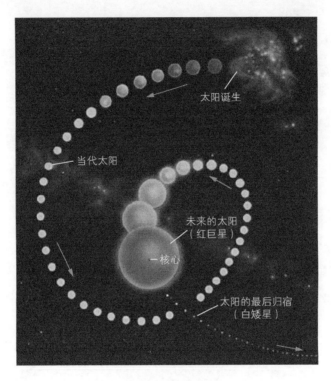

太阳一生的演化示意图

　　人类虽然不太可能看到太阳最终的演化进程，但是当代天文学家通过望远镜在天空中看到许多像太阳这样的恒星，已经走到了这一步，成了白矮星和行星状星云，它们是一些外观非常美丽的天体：一袭玲珑半透的彩色薄纱，中央有一个小小的白点。天文学家情不自禁地给它们冠以各种好听的名字，其实它们只是已经死亡的恒星的遗骸，也曾经有过和太阳一样辉煌的历史，光照宇宙上百亿年，而今正走向销声匿迹的最后结局。

　　下面让我们欣赏一些美丽的行星状星云的照片：有的宛如一片金色的池塘；有的被戏称为天上的游泳池，速度最快的光游一个来回也要 1 年时间；有的似绚丽的花朵；有的像璀璨的宝石；有的仿佛是一只星空中的大蚂蚁；有的仿佛是戴着花环的小丑脸。

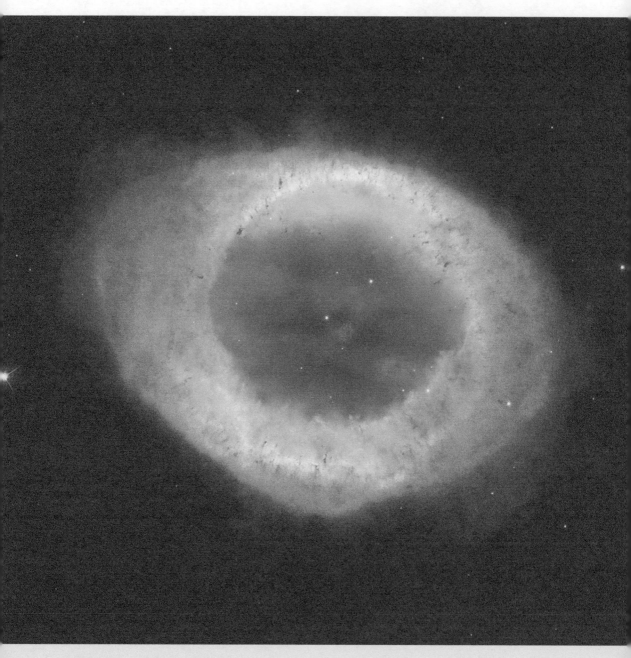

天琴座环状星云 M57，距离 2300 光年

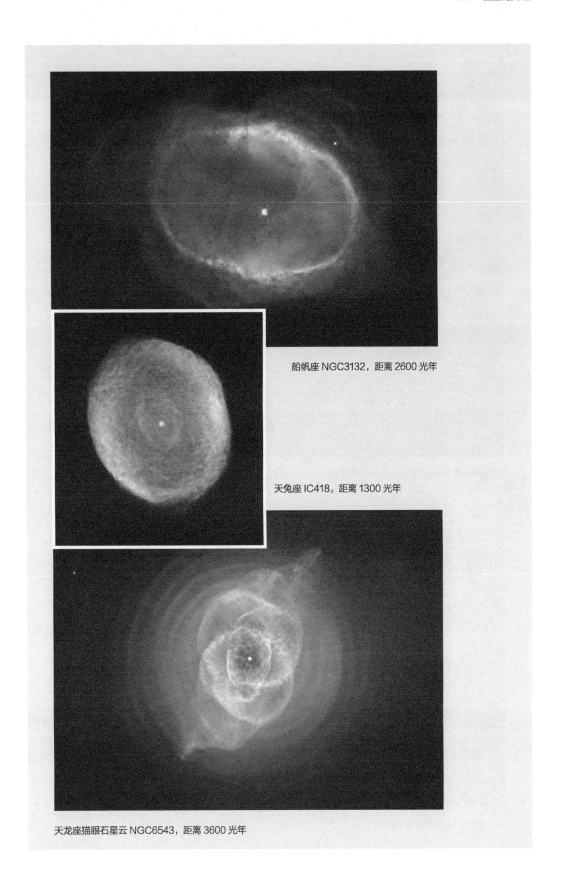

船帆座 NGC3132，距离 2600 光年

天兔座 IC418，距离 1300 光年

天龙座猫眼石星云 NGC6543，距离 3600 光年

宝瓶座螺旋星云 MGC7293，距离 700 光年

矩尺座蚂蚁星云，距离 3000 光年

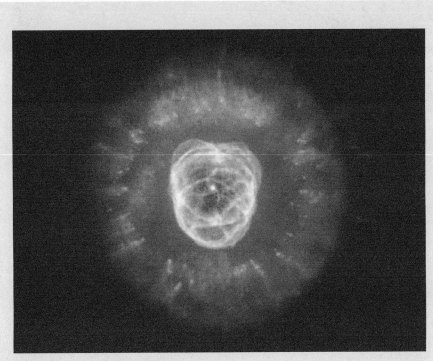

小丑脸星云 NGC2392，距离 5000 光年

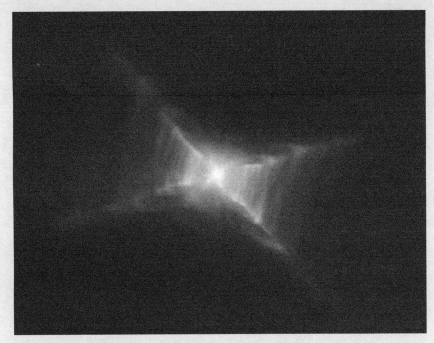

麒麟座风筝星云 HD44179，距离 2300 光年

天蝎座蝴蝶星云 NGC6302，距离 3800 光年

麒麟座 NGC2346，距离 2300 光年

罗盘座 NGC2818，距离 1.04 万光年

上面 3 张美丽的行星状星云图片是：天蝎座蝴蝶星云 NGC6302，翼展竟达 3 光年左右；另一只"蝴蝶"是麒麟座 NGC2346；还有一个是罗盘座 NGC2818，它的实际宽度约为 6.5 光年，超过了蝴蝶星云。

有人戏说白矮星是巨大的"钻石"，因为它的主要成分是碳。钻石的化学成分也是碳，碳这种元素在极高温、高压的情况下会形成钻石。在地球内部的岩石里，难得有已经变成钻石的碳结构，所以它非常珍贵。天文学家还真发现了一颗名为钻石星的白矮星——半人马座 BPM37093，它的质量达到 10^{34} 克拉（1 克拉 =0.2 克）。

大质量恒星会如何结束它的一生

如果一颗恒星的质量大于 $8.5M_\odot$，由于总质量巨大，碳燃烧得以平稳进行，不致发生"碳闪"。碳核的热核反应会产生氧、氖、钠和镁。核心部分发生碳燃烧的同时，外壳层中也在进行着氦燃烧和氢燃烧。当核心部分的碳燃烧殆尽的时候，温度已上升到 10 亿开以上，氧聚变的热核反应又开始了，氧燃烧后剩下的炉渣是硅、磷、硫。如果温度高到 20 亿开，这些炉渣又变成了新的燃料，这样进行层层热核反应，直到生成铁为止。铁是恒星内部热核反应最终剩下的炉渣，不可能再继续燃烧。这时的恒星由一个已停止热核反应的铁质核心和仍在分层燃烧的多层外壳组成，体积膨胀，成为红超巨星，被形容为一只巨型"洋葱头"，体积大到能把火星甚至木星、土星的轨道也吞没在"肚子"里。

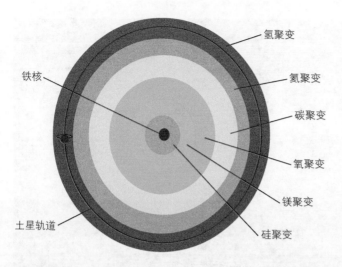

氢聚变

氦聚变

碳聚变

氧聚变

镁聚变

硅聚变

铁核

土星轨道

巨型"洋葱头"

当热核反应达到极致的时候，温度超过 40 亿开，光子以很高的能量穿入铁原子核，使铁原子核裂变为质子和中子，质子又迅即俘获电子，也变为中子，同时产生中微子。中微子逃逸出去，中子富集于核心，消耗了很多能量，压力骤减，引力"所向无敌"，核心迅速坍缩。当外围各层的热核反应也都停止，向外支撑的所有压力突然消失，由巨大质量引发的强大引力，使外层物质以超过 4 万千米 / 秒的速度向中心区坍缩。大量物质与高度致密的中子核心遭遇的时候，像是无数发猛烈的炮弹撞上了一堵无比坚硬的铁壁，统统被反弹回来，再与正在向中心区坍缩的物质遭遇，形成强大的冲击波，携带着极其巨大的能量，毫不含糊地把整颗恒星的大部分物质炸成齑粉，能量的狂飙扫荡"天庭"，恒星成为壮烈辉煌的超新星。

这一过程在几天之内所倾泻的能量比恒星一生正常辐射能量的总和还要多。超爆以后，大部分外层物质解体为向外膨胀扩散的气体和尘埃星云，核心部分遗留下一个高度致密的天体——中子星或黑洞。

11.5 黑洞的视界

视界是因黑洞的存在而形成的某种空间界面，黑洞的视界内外有着完全不同的时空和物理性质。前述施瓦西半径所决定的球面，就是一种最简化的黑洞视界。视界并不是黑洞物质的实体边界，黑洞物质并不在界面以内到处存在，而是集中在中央奇点上，中央奇点的体积是 0。视界是分隔空间性质的一个几何界面，是为物质和辐射所构筑的"囚笼"，外界的任何物质进去以后就再也出不来了，视界内的任何物质、能量和信息也都不可能传送出来。视界之内的所有物质一定会向中心奇点聚集，任意两点之间同视界之外都不可能有信号联系。

黑洞的"黑"是指里面的东西跑不出来，外界也永远探测不到里面的任何信息，它是绝对黑暗的；"洞"是指外界的物质一旦进入视界，就一定向中心奇点坠落，不可能再逃出去，来多少进去多少，它是一个无底的深洞。这就是黑洞的一个奇妙性质。

◐* 11.6 引潮力

黑洞的另一个奇妙的性质是引潮力。引潮力是地球表面海水（也包括河流、湖泊和其他水面）涨潮、退潮时所受的力，主要来自月球和太阳对地球表面海水的引力。引潮力与直接引力的计算公式不一样，直接引力与天体距离的平方成反比，而引潮力与天体距离的立方成反比。因此，对于地球表面的物体，尽管太阳的直接引力比月球大 180 倍左右，但因为月球距离地球近，月球的引潮力反而大于太阳的引潮力，是太阳引潮力的 2.17 倍左右。除了太阳、月球之外，其他任何天体对地球表面的引潮力，虽然有，但都可以忽略不计。

每逢农历的初一、十五，月相朔或望的时候，月球和太阳对地球的引潮力会叠加在一起，潮汐（白天叫潮，夜晚叫汐）涨落的幅度会更加巨大，称为天文大潮。潮汐现象还受地形和洋流的影响。地球上有好几处潮汐特别壮观的地方，如我国浙江钱塘江口、加拿大的芬迪湾、巴西的亚马孙河口、俄罗斯的鄂霍次克海等，都是有名的观潮胜地。

可是我们现在讲的不是太阳、月球这样的普通天体，而是黑洞。如果说某个黑洞的质量是太阳质量的 10 倍，那么它产生的引潮力将要大到什么程度呢？

一位叫作洛希（Roche）的天文学家给出一个公式，用来计算天体对周围物体所产生的引潮力，也就是把这个物体两头拉扯的力，天体与物体距离越近，引潮力越大，大到一定程度时能把一般结构的物体瓦解。这时物体到天体的距离叫作洛希极限。一个 $10M_{\odot}$ 的黑洞，它的洛希极限值是 400 万千米。换句话说，一个外界物体在离黑洞 400 万千米的范围之内，就一定会被引潮力扯碎，不可能完整存在。400 万千米相当于地球到月球距离的十几倍，而这个黑洞的视界半径只有 30 千米。设想未来人类有能力派一艘飞船去探测这个黑洞，这艘飞船一定不能进入离黑洞 400 万千米的范围之内，否则会被撕碎。

假设未来人类掌握了很高的技术，能够制造一种特殊材料，引潮力再大该材料也能维持刚性，不被撕碎，而且里面的航天员也采取了特别的医学防护，不怕被引潮力拉扯。这艘飞船越靠近黑洞表面，引潮力会越大，到达黑洞视界时，引潮力的大小会达到 9.8×10^9 牛，相当于把一个人吊起来，脚下再绑上约 2000 万人的总重量。假如飞船和航天员真的进入黑洞，他们全都会粉身碎骨，再也出不来了。

◉* 11.7 时间冻结

黑洞还有一个奇妙的性质是尺缩、钟慢效应，这是相对论对时空的进一步理解。狭义相对论认为，在相对运动着的不同时空坐标系中，空间会缩短，时间会变慢。

举例来说，假设有一对双胞胎兄弟，哥哥坐飞船航行，速度达到光速的99%，飞到距地球25光年（相当于到织女星的距离）附近时，再折返地球，来回需要的时间采用相对论的公式计算，结果为 6 年。但是要注意这个时间是飞船上的哥哥所度过的 6 年，比如说他 30 岁出发的，回来时是 36 岁，应该变化不大。可是他的双胞胎弟弟这时已经 70 岁了，因为地球上的时间过得飞快，已经过去了 40 年，这就是所谓钟慢效应。实际上人类不可能进行这样的飞行。从相对论的计算公式中可以看出，如果运动速度小于一半光速，钟慢程度微乎其微，到光速的 80%、90% 以后才开始飙升，到光速的 99.9% 时，钟慢达原来的 22.4 倍。当速度等于光速时，钟慢达到无穷大，时钟将永远停摆，而这是不可能的，因为相对论不允许任何物体的运动速度达到光速。相对论用常识很难理解，但有一句名言说：真理不一定是常识。利用高精度原子钟的现代实验已经测量出在宇宙飞船里的钟确实比地面实验室里同样的钟走得慢一些。

在广义相对论中，不同引力场的情况下时间也不一样。严格讲楼下的钟比楼上的钟应该要慢，因为楼下更靠近地球中心，引力场更强，当然快慢的程度很轻微。如果在一个极强的引力场中，那么这个快慢程度就会凸显出来。

形象地说，哥哥 30 岁时出发，飞行 10 年，40 岁时到达目的地，他不断地向地球报告他的飞行信息。可是地球上的人因为时间过得飞快，已经有好几代人都变老了。理论计算告诉我们，如果飞船真的到达黑洞表面，这个钟慢的程度会大到无穷大。意思就是地球上的人永远也不可能看到飞船是怎么到达视界的，因为钟慢达到了无穷大。所谓无穷就是永远不可能，这个就叫时间冻结效应。这可以理解为飞船到达视界的画面，通过电磁波传回地球，传递的时间需要无穷长，地球上的人不管经过多少代，永远也不会有人看到。

◉* 11.8 时空旋涡

根据广义相对论的理论可以推导出，一个高速运转的巨大引力场，会带动周围的时空一起跟着转，而形成时空旋涡。通常一颗恒星通过超爆变成黑洞后，都会拥有极高的自转速度。一般来说恒星都会自转，且转速通常不快（太阳 20 多天自转一圈），可是当恒星变成黑洞后转速一定会大大提高。这遵循物理学上的角动量守恒定律：旋转物体的转动半径越大转得越慢，转动半径越小转得越快。例如冰上运动员做旋转表演的时候，身体蜷缩起来后一定会加快转速，如果把胳膊和腿伸开，转速马上就慢下来了，这体现了角动量守恒定律的作用。

当一颗巨大的恒星被压缩到很小、变成黑洞的时候，它旋转的角速度一定会大大加快，到极端的情况时，转速大于 5000 转 / 秒。拥有巨大的质量和强大引力场的黑洞，有这么快的转速，就会产生极强的时空拖拽效应，形成时空旋涡，并带动周围所有的物质跟着它一起旋转。注意：这种旋转是时空在旋转，这是黑洞的又一个奇妙性质。

黑洞周围的时空旋涡示意图

◐⃰ 11.9 迄今为止发现的黑洞

用天文学方法探测黑洞难度极大，所以尽管关于黑洞的理论上的讨论已经持续了接近一个世纪，但是真正进行天文探测还是最近 50 年，特别是人类掌握了空间技术之后。

20 世纪六七十年代，人类掌握了空间技术，把一些特殊波段的望远镜发射到太空当中，探测到宇宙中有 10 万个以上发出强 X 射线的天体，称为 X 射线源。其中有一些属于 X 射线双星，即发出强劲 X 射线的双星。人类通过它们终于寻找到黑洞存在的证据。

天文知识小卡片

天体发出的 X 射线在地球表面上是不可能被探测到的，因为它们大都被地球大气层阻挡了。只有把探测器或者望远镜送到大气层外，才有可能获得相关信息。人类发射的 X 射线空间望远镜，著名的有美国的钱德拉 X 射线天文台，欧洲以牛顿名字命名的 XMM 牛顿空间望远镜，以及后来的一系列 X 射线空间望远镜，包括我国 2017 年 6 月发射的"慧眼"号硬 X 射线调制望远镜（HXMT）。

通过 X 射线空间望远镜的观测，整个 20 世纪 70 年代人类一共发现了 4 个黑洞，都在 X 射线双星里，其中 2 个在银河系之内，2 个在大麦哲伦云里。

20 世纪 70 年代发现的 4 个黑洞

名称	星等	光谱型	距离/万光年	绕转周期/天	伴星质量/$M_\odot$
天鹅座 X-1	9	O	0.6	5.6	10～15
LMCX-1	14	O	17.5	1.7	4～11
LMCX-3	17	B	17.5	4.2	4～11
麒麟座 V616	18	K	0.3	0.32	3.3～4.2

黑洞本身不可见，因为它内部没有任何东西可以发出信号，但我们能看到它的伴星，再确认伴星那看不见的同伴是黑洞。黑洞需要满足一个最基本的条件，就是质量超过 $3M_\odot$，而且全部被压缩到它的引力半径范围之内，没有任何热核反应。到了 20 世纪 90 年代又发现 6 个黑洞，一直到现在共有几十个黑洞被天文观测发现。

以天鹅座 X-1 为例，首先判定那是一对双星，发出强劲的 X 射线。由下面的示意图可见：左边是还在发光的一颗蓝色巨星，它的恒星编号是 HDE226868，亮度是 9 等，光谱型是 O 型，它的半径大约是太阳的 23 倍，质量是太阳的 25～40 倍。右边它的同伴质量是太阳的 10～15 倍，我们看不见它，但从那里发出强劲的 X 射线。黑洞强大的引力场把伴星的物质吸引过来，使它们在时空旋涡中高速运转，形成吸积盘和喷流，在黑洞视界范围之外发出 X 射线。

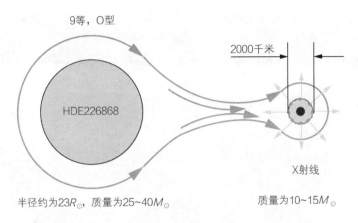

天鹅座 X-1 黑洞双星示意图

天鹅座 X-1 黑洞双星互相绕转的周期是 5.6 天，轨道半径约 3000 万千米，离我们的距离是 6070 光年。黑洞的转速为 790 圈 / 秒。下图是天鹅座 X-1 黑洞的艺术描绘图，其后左图中的小红框为天鹅座 X-1 在天鹅座中的位置，右图为 HDE226868 的光学图像。

天鹅座 X-1 黑洞的艺术描绘图

天鹅座 X-1 黑洞的位置

恒星 HDE226868 的光学图像

　　20 世纪 80 年代以后又发现几个 X 射线黑洞双星，其中典型的有：天蝎座 X 射线黑洞双星，距离 1.1 万光年；矩尺座 X 射线黑洞双星 XTEJ1500-564，距离 1.7 万光年。下面两张是它们的艺术描绘图。第 8 章介绍过的特殊变星天鹰座 SS433 也被认为是 X 射线黑洞双星，距离 1 万光年。

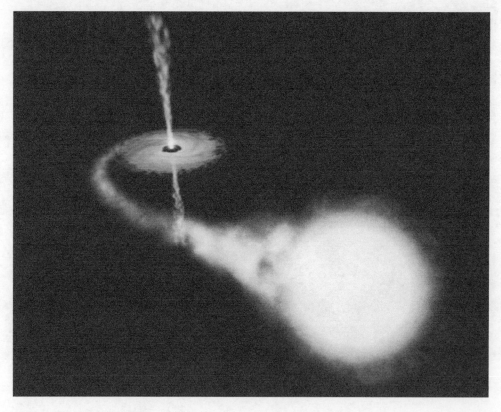

天蝎座 X 射线黑洞双星艺术描绘图

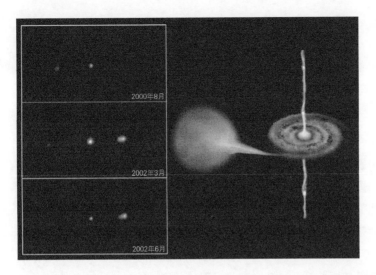

矩尺座 X 射线黑洞双星 XTEJ1500-564，右侧是艺术描绘图，左侧是光学图像的追踪观测

银河系总共约有 3000 亿颗恒星。按照概率估计，银河系里大概应该有 100 万个黑洞，可是我们实际上找到的只有几十个，更多的黑洞到底在哪里我们现在还不知道，可见探测黑洞的困难程度。目前，探测黑洞的方法仅适用于 X 射线双星这一种情况，如果是单独的黑洞就很难被发现了。

2010 年，美国 NASA 公布，根据多台 X 射线空间望远镜的观测，在距离地球约 5000 万光年的后发座旋涡星系 M100 外侧旋臂中发现强 X 射线源，疑似存在一个质量为 $20M_\odot$ 的黑洞。1979 年 4 月此处曾发生超爆，编号 SN1979C（见下图）。时隔 31 年，如果这里真有黑洞，将是一起在河外星系中观测到超爆形成黑洞的实例，而且黑洞年龄只有 31 岁。当然它离我们约 5000 万光年之远，事件应是在约 5000 万年之前就发生了。

后发座旋涡星系 M100 中的超新星 SN1979C

◯ 11.10 星团级黑洞和巨型黑洞

恒星演化到最后，通过超爆，由引力坍缩形成的黑洞是恒星级黑洞，它的质量相当于一颗恒星的质量。恒星级黑洞以外，还有其他类型的黑洞。下面我们介绍星团级黑洞和巨型黑洞。

第 7 章介绍过的球状星团是由几十万甚至几百万颗恒星集中在一起形成的团体。星团级黑洞，就是在球状星团的核心部分存在着的一种黑洞，它的质量相当于几千到几万个太阳的质量。星团级黑洞显然不像恒星级黑洞那样，由一颗大质量恒星超爆坍缩形成，但其成因目前人们还没有研究清楚。比星团级黑洞更大、级别更高的就是巨型黑洞，它的质量通常达到几百万、几千万甚至几百亿个太阳的质量。巨型黑洞通常存在于星系的核心，也称星系级黑洞。下面是已查明有中心黑洞的 3 个球状星团的实例。

飞马座球状星团 M15，距离 3.3 万光年，其核心存在一个约 $4000M_\odot$ 的黑洞

半人马座 ω 球状星团，距离 1.6 万光年，其核心存在一个约 $40000M_\odot$ 的黑洞

仙女星系 M31 中的 G1 球状星团，其核心存在一个质量约 $20000M_\odot$ 的黑洞

右图展示的是通过光谱观测判定存在星团级黑洞的方法。当球状星团核心部分的恒星光谱有些表现为红移，有些表现为紫移，或者因为距离遥远，谱线红移、紫移叠加在一起而变模糊、变宽时，都说明这个球状星团在旋转。由旋转速度可推断存在一个强大的引力场——黑洞。

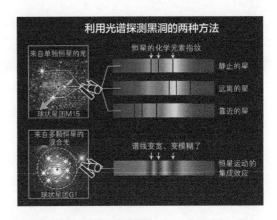

通过光谱观测判定存在星团级黑洞

巨型黑洞也是通过实际观测发现的，而且首先发现的是位于银河系核心的巨型黑洞。银河系核心到太阳的距离比较远，中间又有大量的气体和暗物质，阻挡着普通的可见光的传播。仅靠传统的光学观测方法，我们不可能了解银河系核心的细节，后来射电、红外、X射线、γ射线观测和空间技术等发展起来，才使天文学家对银河系核心有了比较多的了解。下图是银河系核心区射电、X射线和红外综合图像的逐级放大图。

银河系核心区综合图像

下图是银河系核心的区域划分图，在人马座的方向，有极强射电源，标记为人马座A。在人马座A的范围里有个小一点的范围人马座A东，直径约为19光年，在人马座A东里面还有一个更小的范围人马座 A 西，直径约为 5.7 光年，人马座 A 西的中心位置就是银河系的核心所在，标记为人马座 A*。1992—2005 年，德国和美国的两个小组分别用 VLT 和夏威夷凯克望远镜进行红外观测，研究人马座 A* 区域几颗恒星的运动轨迹，得出它们的轨道都是有共同焦点的椭圆轨道。他们又通过高精度射电干涉测量，定出这个共同焦点即人马座 A* 的精确位置：赤经 17 时 45 分 40.04 秒，赤纬 −29 度 00 分27.9 秒。根据轨道运动的开普勒定律，可以计算出，这里集中的质量应有（3.67 ± 0.19）$\times 10^6 M_\odot$（约 400 万倍太阳质量）。它被认为是一个巨型黑洞，其视界半径约为 0.08au，已经基本上排除了它是黑洞以外的任何其他天体的可能性。而离黑洞最近的恒星在约 44au 远处。

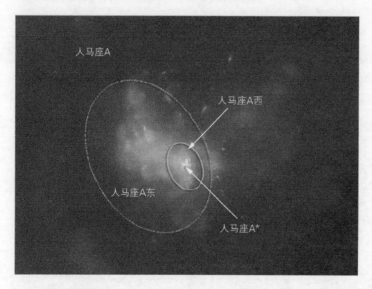

银河系核心的区域划分

对于别的星系，无论是离我们比较近的星系，还是非常遥远的活动星系，也都发现了巨型黑洞，详细的介绍见下一章。

第 12 章
活动星系核、微型黑洞、白洞和虫洞

12

◉ 12.1 活动星系核

第 10 章我们介绍过活动星系。活动星系核（Active Galactic Nucleus, AGN）指活动星系的核心部分，是当代天文学单独拿出来进行专门研究的前沿课题之一。AGN 通常具有极高的光度，即便在非常遥远的宇宙边缘，我们依然能够观测得到。这么高的光度说明它一定有极高的表面温度，在极高表面温度下一定有把所有物质往外吹送的力。如果它没有往回收缩的力与往外吹送的力相抗衡，它就不可能稳定地存在。往中心收缩的力只有引力，而引力来源于质量，所以 AGN 一定拥有巨大的质量——$1 \times 10^6 \sim 1 \times 10^{10} M_\odot$。如此巨大的质量集中在符合黑洞条件的较小的空间范围里，因此推断那里有一个巨型黑洞。

10.3 节我们介绍过室女星系团的中心天体超巨椭圆星系 M87，其核心存在着一个质量约为 $6.5 \times 10^9 M_\odot$ 的巨型黑洞。下面介绍几个与之类似的巨型黑洞。

鲸鱼座 M77，距离 5000 万光年，其中心有质量约为 $1.5 \times 10^7 M_\odot$ 的巨型黑洞。图中显示出了从黑洞中吹出来的高速气流（也称恒星风）。

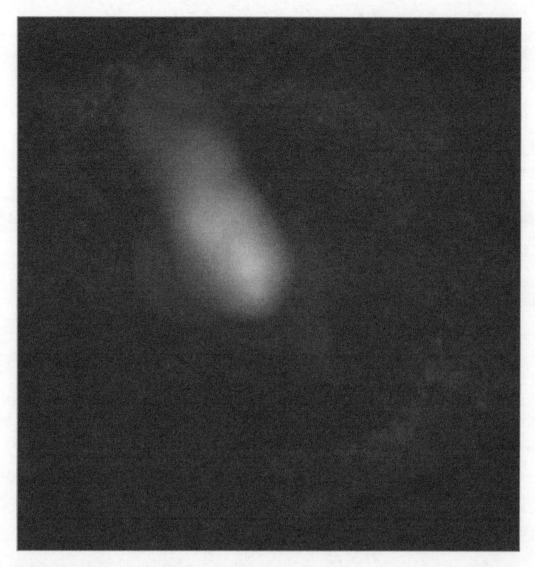

鲸鱼座 M77 活动星系核

　　鹿豹座 MS0735.6 + 7421 星系团，距离 26 亿光年。在明亮的中央星系的核心，有一个巨型黑洞，质量约为 $1 \times 10^{10} M_\odot$。下面第一张图是 2005 年 1 月公布的钱德拉 X 射线天文台拍摄的 X 射线图像；第二张图是哈勃空间望远镜的光学图像与 X 射线图像的对比；第三张图是光学、X 射线与射电的合成图像（蓝色代表 X 射线，黄色代表可见光，红色代表射电），公布于 2006 年 11 月。

鹿豹座 MS0735.6 + 7421 中的巨型黑洞

鹿豹座 MS0735.6+7421 光学与 X 射线图像的对比

鹿豹座 MS0735.6+7421 可见光、X 射线与射电的合成图像

室女座星系 SDSSPJ1306 距离地球约 130 亿光年，中央有质量约为 $1 \times 10^9 M_\odot$ 的巨型黑洞。星系外围有晕和黑洞造成的吸积盘。下图的右下角是钱德拉 X 射线天文台拍摄的 X 射线图像。

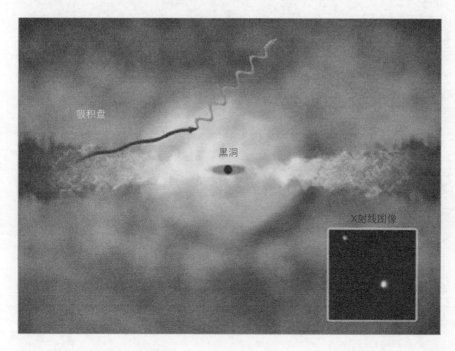

室女座星系 SDSSPJ1306 结构示意图

　　蛇夫座星系 NGC6240，距离 4 亿光年，中心有两个巨型黑洞，相距约 3000 光年。一种说法是，NGC6240 原本是各有中心黑洞的两个星系，在约 3000 万年前并合，再过数千万年，两个黑洞或将合二为一。

蛇夫座 NGC6240 光学（哈勃空间望远镜拍摄）与红外（斯皮策空间望远镜拍摄）综合图像，2009 年拍摄

蛇夫座 NGC6240 光学（哈勃空间望远镜拍摄）与 X 射线（钱德拉 X 射线天文台拍摄）综合图像，2013 年拍摄

　　射电星系半人马座 A，也称 NGC5128，距离 1100 万光年，中心有一个质量约为 $5.5 \times 10^{7} M_{\odot}$ 的巨型黑洞。下面第一张图与第二张图拍摄的是同一对象，比例尺也差不多，却是完全不一样的风景。第三张图是欧洲南方天文台（ESO）拍摄的半人马座 A 中"平行四边形"的细节，其中心分外明亮，表明巨型黑洞正在大量"吞食"周围物质。

钱德拉X射线天文台　　DSS光学　　NRAD射电（连续）NRAD射电（21厘米）

射电星系半人马座 A 的光学、X 射线和射电综合图像，比例尺 3 角分

射电星系半人马座 A 的红外图像，斯皮策空间望远镜拍摄

射电星系半人马座 A 的"平行四边形"的细节，欧洲南方天文台拍摄

黑洞也可能普遍存在于正常星系（比如银河系）的核心。如果这些星系的核心部分有密集分布的恒星，精确测量这些恒星的运动速度，就可以计算出其核心集聚了多大的质量，如果这些质量集中的范围又很小，很可能黑洞就在那里。目前，科学家已确认了一批银河系之外有中心黑洞的正常星系，下面列出其中一部分的图像和相关数据。

室女座 M58，距离 6800 万光年，拥有质量约为 $7 \times 10^7 M_\odot$ 的中心黑洞

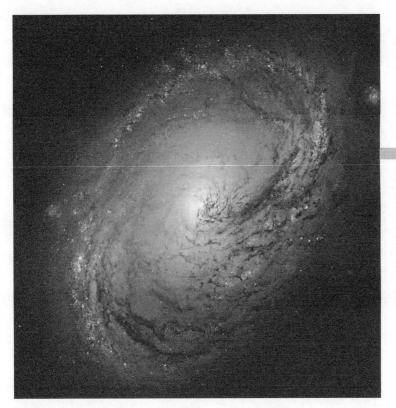

狮子座 M96，距离 3500 万光年，拥有质量约为 $1 \times 10^7 M_\odot$ 的中心黑洞

猎犬座 M106，距离 2500 万光年，拥有质量约为 $3.9 \times 10^7 M_\odot$ 的中心黑洞

武仙座 NGC6166，距离 4.9 亿光年，拥有质量约为 $3 \times 10^{10} M_{\odot}$ 的中心黑洞

◉ *12.2　微型黑洞

微型黑洞的质量约有 10^{15} 克，半径为 10^{-15} 米。10^{15} 克的质量不算小，相当于一座小山，但半径 10^{-15} 米也就和质子的大小差不多。这么小的黑洞我们怎么知道它是否存在呢？事实上到现在为止还没有任何实际观测能够验证真的有这种小黑洞。微型黑洞的概念只是理论推测，由物理学家霍金最先提出。

霍金提出，在一个黑洞的视界近旁，即使是所谓的真空，也不是绝对的空无一物。根据量子力学，那里会有正负虚粒子对频繁地产生和湮灭，其结果有 4 种可能：正负虚粒子在黑洞视界外湮灭；正负虚粒子双双被吸入视界而湮灭；正粒子被吸入视界，负粒子逃脱；负粒子被吸入视界，正粒子逃脱。前两种有等于没有，最后一种霍金认为发生的概率最大。发生这种情况意味着：黑洞内部钻进去一个负虚粒子，抵消了黑洞内部原有的一小点质量，而逃脱的那个正虚粒子，使黑洞的外部世界多出一小点质量。总的结果是黑洞内部少了一份质量，黑洞外部多了一份质量，看似相当于有质量从黑洞内部逃脱出来，这被霍金称为"黑洞蒸发"。但这并不违反黑洞视界只能进不能出的规则。

据霍金的研究，黑洞蒸发的过程非常缓慢。一个太阳质量的黑洞，通过这种方式，蒸发完里边的东西需要 10^{67} 年左右，这不可期待。因为 10^{67} 年太长了，宇宙诞生到现在才 1.3×10^{10} 年。黑洞质量越小，蒸发时间会越短。据霍金计算，如果黑洞的质量小到 10^{15}

克，那么它的蒸发时间为 100 亿年左右，与太阳这样的恒星寿命相当。于是他提出了质量在 10^{15} 克量级的微型黑洞的概念，其在宇宙中的寿命和一般的恒星相当。这种微型黑洞的视界半径，用施瓦西公式计算应是 10^{-15} 米，相当于一粒质子的大小。

我们用简单的计算来体会一下 10^{15} 克到底是多少质量：假设一个较胖的人体重达到 100 千克，也就是 10^5 克。10^{15} 克就相当于有 10^{10} 个也就是 100 亿个这样的人，加在一块的体重。全世界现有人口总数是 70 多亿，就算每个人的体重都是 100 千克，加在一起还不到一个微型黑洞的质量，可见微型黑洞的质量其实并不小。但最小的恒星级黑洞的质量在 $3M_\odot$ 以上，比 10^{15} 克大得多了。直到现在还没有任何实际的天文观测，或者物理实验能够验证微型黑洞真的存在，它还只是理论上的一种假设而已。

☉ 12.3　黑洞理论遇到的难题

黑洞理论有一些到现在为止都解决不了的难题，其中最难的一个就是黑洞中心的奇点问题。奇点光有质量没有体积，密度无限大。无论是从物理学理论还是从日常生活经验来看，这都完全不可理解。连爱因斯坦本人生前都表示过：黑洞根本不应该存在。但他也说不出充分的理由，况且黑洞本来就是根据他的广义相对论推算出来的。英国著名的恒星物理学家爱丁顿是第一个通过日全食的观测证明爱因斯坦广义相对论正确的人。他说："必定有一条未知的自然定律会阻止恒星变成黑洞这种荒唐的行为。"但霍金和 2020 年诺贝尔物理学奖得主彭罗斯（R.Penrose）都从理论上严格证明了黑洞的奇点必然存在，而且天文观测已经表明，宇宙中确实存在着不同级别的黑洞。

彭罗斯假设——宇宙监督

宇宙监督是一种假设，由彭罗斯提出，是说宇宙不允许裸奇点存在，即黑洞的奇点一定被严密地包裹在视界中，不能裸露。黑洞奇点的怪异性质对外界不产生任何影响，因为视界里边的任何质量、能量和信息都不可能传递出来。

奇点向广义相对论提出挑战

量子力学中有一个不确定性原理（又叫测不准原理）：同时准确地确定一个粒子的位置和动量是不可能的。其位置的测不准量 Δx 和动量的测不准量 Δp 之间，必须满足 $\Delta x \cdot \Delta p \geq h/4\pi$，$h$ 是普朗克常数，$h \approx 6.626 \times 10^{-34}$ 焦耳·秒。在宏观世界里物体都很大，h 值又很小，上述不等式都能成立，不确定性原理可有可无，但在微观世界里情况就大不一样了。一个绕原子核运动的电子的位置，在比它自身大 2000 万倍的范围内不能确定，只能用概率来表达。不确定性原理实质上不是说明测量技术准不准的问题，而是表明了根据量子力学理论，微观世界本身具有模糊的属性。由不确定性原理所描述的宇宙时空，存在一个最小的量级，反映在时间尺度上最小为 5.39×10^{-43} 秒，空间尺度最小为 1.62×10^{-35} 米，称作普朗克时空尺度。时间和空间都不能小到普朗克尺度以下。普朗克尺度是非常微小的，比如空间尺度 1.62×10^{-35} 米，与质子的半径之比，相当于人的身高与银河系的半径之比。普朗克尺度虽然非常微小，但不是 0。时间和空间都不允许达到 0 的状态。

黑洞的质量有没有下限？答案是有的。据施瓦西公式：$R_g = 2GM/c^2$ 就可以推导：$M = c^2 R_g / 2G$，受普朗克尺度的限制，R_g 不能小于 1.62×10^{-35} 米，将光速 c 和万有引力常量 G 的数值带入此式，就可以计算出，黑洞的质量 M 不能小于 1.09×10^{-5} 克。所有基本粒子以及中子、质子等的质量都低于这个数值，所以它们都不是黑洞，也不可能拥有黑洞的性质。

由广义相对论推导出来的黑洞奇点理论，它的尺度是 0，超出了普朗克尺度的限制，这就出现了严重的不协调：广义相对论告诉我们，不同位置的时空有不同的性质，而不同的位置需要通过精确测量来确定；量子力学又告诉我们，精确的位置测不准。量子力学理论与广义相对论的可测量性不能同时成立，甚至互相矛盾。美国天体物理学家惠勒说过，量子力学和相对论目前在某些方面像是一对冤家，但是未来很可能这一对冤家会和好，不仅和好，而且会联姻，然后生出下一代量子引力理论。到那个时候黑洞奇点之谜也许就能够迎刃而解。

◉ 12.4　白洞与虫洞

　　白洞概念是由对称性引申出来的一种猜想。物理学发展到今天，人类已经充分认识到物质世界的对称性是非常重要的基本属性。按照对称性，有黑洞就应该有白洞，白洞是在某些方面与黑洞的属性相反的一种特殊天体，或者说白洞是黑洞的时间反演，在所有关于黑洞的数学公式中，把时间箭头的方向掉过头来，黑洞就变成了白洞。

　　例如奇点和视界，黑洞有，白洞也有。任何物质、能量、信息，进了黑洞视界就到达奇点，再也不能出来。白洞与黑

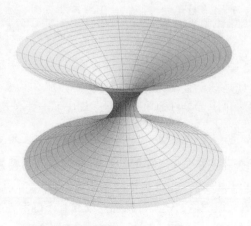

白洞是黑洞的时间反演

洞相反，视界里面的东西会跑出来，而视界外边的任何东西都进不去。白洞是喷射源，它的奇点藏匿着无穷无尽的物质和能量，以往外喷吐的方式倾泻到外界。

不过到现在为止还没有任何实际的天文观测发现与白洞有关的任何迹象，白洞只是理论上的猜想。比白洞更离奇的猜想是虫洞，虫洞这个名词也是惠勒给出的：意思是你在吃水果的时候，没有看出来里面有虫，当你咬开后发现虫子在里面，还有它筑成的隧道。惠勒形象地将虫洞比拟成一条神秘的隧道，它

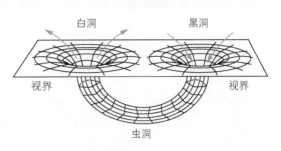

黑洞、白洞和虫洞的示意图

能够连接黑洞和白洞的奇点，但这条隧道不在现实的三维空间里，而在所谓的超空间里。就像美国天体物理学家索恩 (K.S.Thorne) 在他的著作里给出的上面这张图。

图中，宇宙可以被想象成一个二维平面，在平面上有两个洞，左边是白洞，右边是黑洞，在平面下方隐藏着一条隧道——虫洞，把黑洞的奇点与白洞的奇点连接起来。任何物质从黑洞掉进去就再也出不来了，可是由于虫洞的存在，它顺着这条神秘的隧道跑到了白洞奇点，按照白洞的性质，它又立刻被喷射出来了，这就是关于虫洞的奇思妙想。但这个虫洞不在现实宇宙空间里，而在其之外的超空间里。索恩是惠勒的学生，因参与发现引力波而分享了 2017 年诺贝尔物理学奖。

◉ 12.5 时间机器与超空间

时间机器存在于很多科幻作品中：人从机器这头跑进去，从那头冒出来，就到了另外一个时代，也许是古代，也许是未来。在白洞与虫洞理论出现之前，这种幻想是不可能实现的。因为一般的科幻小说提到实现时间机器的手段，通常都是超光速飞行，一个飞行器飞行的速度如果超过光速，那么飞行器中的人就有可能赶到历史事件之前。例如，你乘坐一艘飞船，它的速度比光还快，高速飞行时间长了，就会赶到光的前头。你想看 2200 多年前秦始皇时代的景象吗？如果飞船现在已经运动到离地球比 2200 光年更远的位置，你就可以等着看秦始皇时代发生的事情了，或者说你已到达秦始皇所处的那个时代了。可是相对论告诉我们，超光速飞行是不可能实现的，因为宇宙当中任何物体的运动速度都不允许超过光速，所以这只能是幻想，没有任何科学依据。

索恩 1988 年在《物理学评论快报》发表文章，说利用虫洞有可能实现时间机器。他为自己的想法画出了下图，在一个弯曲的二维平面上，上方有一个黑洞，它就在地球旁

边，地球人哪一天一不小心掉进去，或者有意钻进去，本应死路一条了，可是这个黑洞的奇点居然通过虫洞与下边一个远方的白洞的奇点连起来了，掉进黑洞的这个人从白洞那头冒出来，出现在织女星旁边。

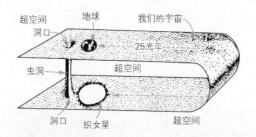

虫洞与时间机器设想图

织女星离地球大约 25 光年，光都要走 25 年才能到，可是我们现在通过黑洞、虫洞、白洞的方式，也许几天、几分钟就到了，在那儿等着看 25 年来所发生的一幕幕情景，那就等同于实现了时间机器。如果白洞那一头不是织女星，而在更远的地方，甚至在银河系之外，那么我们就可能看到远古时代所发生的事情。这就是关于通过虫洞实现时间机器的一种想象，当然虫洞在现实空间以外的超空间里。对于超空间，人类目前还无法理解，只能从理论上加以想象和探讨。

◉ 12.6　人类第一张黑洞的真实照片

2019 年 4 月 10 日，多国天文学家联合向全世界发布了人类拍摄的第一张黑洞的真实照片。这是位于室女星系团的星系 M87 中心的巨型黑洞的真实照片。

M87 中心的巨型黑洞，人类拍摄的第一张黑洞的真实照片

此前，所有有关黑洞的图像都是通过理论分析、推测和想象，以艺术形式描绘出来的，而这一次是由望远镜获得的观测数据给出的真实客观的天体照片。当然，这不是由单一望远镜在可见光波段一次拍摄的真彩色照片，而是利用分布在全球 6 个地点、8 个天文台，共 80 台毫米波射电望远镜，在波长为 1.3 毫米的微波波段同时进行观测，用电磁波干涉技术从海量的数字信息中提取出来的"代表色"照片。

天文知识小卡片

　　"代表色"也被称为"假彩色"，与之对应的是人的视觉系统直接感受到的"真彩色"（或称"自然色"）。人眼可直接看到的电磁波仅限于极为狭窄的一小段可见光波段，恰好也是太阳全部辐射中能量最强的一小段电磁波，波长为 0.4 ～ 0.76 微米。这也许不是人与太阳之间偶然的巧合，而是人这种生物在太阳的光照下，长期自然选择、进化形成的视觉特点（外星人的"可见光"也许与地球人不同，这取决于他们所在的恒星）。人眼能感受到不同物体在可见光波段的各种颜色（据说有 1000 万种之多）。人类健全的视神经系统有 3 种能感受颜色的视锥细胞，分别对应于红色、绿色和蓝色，它们被称为"RGB 三原色"。将三原色按不同比例混合起来就可得到各种斑斓的色彩，好比在一个三维立体坐标系统中，3 个不同的坐标值能描述无限多个空间点位一样。三原色的各种组合构成了一个无限丰富的 3D 色彩空间，这就是所谓真彩色，但仅限于在可见光波段。

很多天体发出的辐射不在可见光波段，人眼当然看不见。当代天文观测技术早已突破了可见光的限制藩篱，进入了从射电到 γ 射线的全波段电磁波的感知与测量。那些人眼不可见的电磁波，是用人眼以外的科学仪器接收的，原本不具有什么颜色，但天文学家采用了"代表色"的技术手段获得了五彩斑斓的"非可见光"照片，既提供了科研所需的有关天体电磁波辐射的各种信息，又带给人们多姿多彩的宇宙天体的艺术感受，即所谓"大饱眼福"。凡是在可见光波段以外拍摄的彩色天体照片都是这种"代表色"照片。"代表色"技术的要点是选取 3 个对应于红、绿、蓝色的波段，经滤色处理后，得到它们的分布强度，再经 RGB 三原色的加色处理而表现出来，不仅具有审美价值，同时具有原本的科学含义，与画家的纯主观创作完全不同。

黑洞是不发射任何信息的天体，又怎么能得到它的"代表色"照片呢？是的，黑洞本身的真容是不可能被拍到的。这所谓的"黑洞照片"不是黑洞本身，而是正在被黑洞"吞吃"的视界外的物质被黑洞引力场撕碎并绕黑洞高速旋转的时候，发出的主要在毫米波段的电磁波，它再经"代表色"处理，就显示出来照片中的橙色亮环。这个亮环是拍出来的"代表色"真实照片，而不是涂抹出来的艺术作品。

右图中的亮环内径，也就是中央阴影的直径为 $5R_g$。R_g 是黑洞视界的半径，即施瓦西半径。黑洞本身隐藏在中央阴影深处，不可能拍到它的真容。通过黑洞理论可以算出：M87 中心黑洞的施瓦西半径 $R_g=19.2 \times 10^9$ 千米，阴影的直径为 96×10^9 千米，再根据它到地球的距离可算出阴影的角直径为 38.1 微角秒（1 微角秒 =100 万分之一角秒，相当于月球上一个 2 毫米的物体对地球的张角）。实拍的照片与这些理论计算值完全相符。

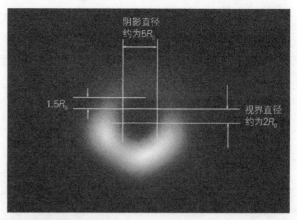

M87 黑洞阴影尺度

拍摄角直径如此微小的远方物体，其难度相当于在巴黎拿着望远镜要看清纽约街头报纸上的文字。如此艰难的任务是由国际组织"事件视界望远镜"（Event Horizon Telescope，EHT）完成的。EHT 由全世界 6 个地区、8 个天文台的共 80 台毫米波射电望远镜组成。其主力是位于南美洲智利的阿塔卡马大型毫米波 / 亚毫米波阵列（Atacama Large Milimeter Array，ALMA，由 66 台望远镜组成，54 台 12 米 +12 台 7 米）。下面是 ALMA 的远眺图。

ALMA 的远眺图

2018 年格陵兰岛的亚毫米波望远镜也加入 EHT，以后还会有更多的设备加入。

EHT 中的南极望远镜（South Pole Telescope，SPT）因为 M87 不在其视野之内没有参加这次拍摄。我国的两台毫米波 / 亚毫米波望远镜（位于青海德令哈的射电望远镜和位于西藏的中德亚毫米波望远镜 CCOSMA）因与 ALMA 位置相背（位于地球直径的两端）无法进行同步观测，口径世界第一的中国天眼——500 米口径球面射电望远镜（Five-hundred-meter Aperture Spherical radio Telescope，FAST）不在毫米波段，也未能参与观测。但由我国的国家天文台、紫金山天文台和上海天文台共同建立的中国科学院天文大科学研究中心，是 EHT 的一个合作机构（EHT 共有 13 个合作机构）的成员。位于夏威夷的麦克斯韦望远镜（JCMT）也有我国的科学家参与工作。在 EHT 国际合作项目的 200 多名科研人员中，我国参与的科研人员有 16 人（上海天文台 8 人，云南天文台 1 人，中国科学院高能物理研究所 1 人，南京大学 2 人，北京大学 2 人，中国科学技术大学 1 人，华中科技大学 1 人），为人类第一张黑洞照片的获得做出了他们的贡献。

2022 年 5 月 12 日，EHT 又向全世界公布了人类第二张黑洞照片。这是位于银河系中心的巨型黑洞，名为人马座 A*（SgrA*），质量为太阳质量的 400 万倍（前一章已有详细介绍）。在所有已知的巨型黑洞中，SgrA* 和 M87 的角直径的大小分别位列第一、第二名。SgrA* 就在银河系内，虽然距离我们更近，角直径略大一点，但由于质量不到 M87 的 1/1000，微波辐射的强度较低，拍照难度更大。至于恒星级黑洞，以目前的技术还拍摄不到。比如天鹅座 X-1 恒星级黑洞，角直径不到 1 微角秒（SgrA* 是 46 微角秒），况且在恒星级黑洞周围缺乏足够的"食物"供黑洞"吞吃"，微波辐射的阴影和亮环未必存在。

银河系中心巨型黑洞人马座 A*，人类拍摄的第二张黑洞的真实照片

13 | 第13章
标准宇宙模型

宇宙如何产生？千百年来人类对此有着各种各样的猜测。现代物理学和天文学目前给出的答案，就是标准宇宙模型。

◉ 13.1 何谓标准宇宙模型

标准宇宙模型源于 20 世纪 30 年代提出的大爆炸宇宙模型，至 70 到 80 年代被重新审视与充实提高，并且得到当代主流科学家们的一致认可。之所以被称为标准宇宙模型，是因为它建立在近代粒子物理学坚实的基础上，理论预言与实际天文观测相一致，并且是最简单而又最自然的宇宙模型。正如著名粒子物理学兼宇宙学家，1979 年诺贝尔物理学奖获得者温伯格所说："标准模型之所以成立，是因为近代天体物理学基本上是客观的，人们对它达成了一致的看法，既非由于哲学偏爱的变迁，也非由于天体物理学巨匠们的影响，而是来自经验和数据的压力。"

从 α-β-γ 宇宙创生理论到大爆炸宇宙模型

1922 年，苏联数学家弗里德曼（А.А.Фридман）在发表的论文《论空间的曲率》中，给出了一个膨胀的有限无界宇宙模型，3 年后他不幸病逝，年仅 37 岁。1927 年，比利时天文学家勒梅特（G.Lemaître）发表论文，也给出了一个膨胀宇宙的模型。1929 年，宇宙膨胀被哈勃的天文观测证实。

　　1938 年，弗里德曼的学生、出生于乌克兰敖德萨，曾留学哥本哈根和剑桥卡文迪什实验室的俄罗斯物理学家伽莫夫（G.Gamow）在美国华盛顿组织了一次核物理和天体物理学讨论会，就恒星能源、宇宙物质从何而来等基本问题进行了广泛的讨论。与会者之一、来自德国的核物理学家贝特（H.A.Bethe），就是在这次会议的启发下深入研究，提出了恒星能源来自内部热核反应的理论，后来被授予 1967 年诺贝尔物理学奖。

　　1948 年，伽莫夫与他的学生阿尔弗（R.A.Alpher）和赫尔曼（R.Herman）发表了《宇宙的演化》，与阿尔弗和贝特发表了《化学元素的起源》等文章，将弗里德曼和勒梅特膨胀宇宙的观念移植到核物理知识肥沃的土壤中，提出了一种比较完整的宇宙创生新理论。该理论认为，宇宙是由高温高压状态下的原始基本粒子，因空间的突发膨胀而开始创生的。由空间膨胀导致的温度下降，逐渐产生出质子、电子和各种由轻到重的化学元素，再一步步形成星系、恒星等天体，一直延续到现在，宇宙还在膨胀之中。现今宇宙中大量存在的氢和约占 1/3 的氦主要是早期宇宙的产物。伽莫夫幽默地称呼他们提出的理论为 α−β−γ 宇宙创生理论。这 3 个排在最前面的希腊字母，既是阿尔弗、贝特、伽莫夫的姓氏谐音，也隐喻着宇宙万物的创生伊始。他们还预言：宇宙从早期不透明状态膨胀到光子与其他粒子脱离热平衡而开始自由辐射传播的情况，演变到今天，应当遗留下温度为 5～10 开的宇宙背景辐射。

　　不幸的是，α−β−γ 宇宙创生理论并没有被当时的大多数理论物理学家和天文学家所接受，当时的技术条件也不可能实测到 5~10 开那么微弱的宇宙背景辐射是否存在。还有一个原因是哈勃虽然实测到宇宙膨胀，但根据哈勃的实测数据算出的宇宙年龄太小——宇宙的年龄竟然小于地球的年龄，"母亲比孩子更年轻"，这是不可能的。一些持反对意见的人给他们的理论冠以一个含有嘲讽意味的名字"大爆炸"（big-bang），还有人刊出漫画，画中有几个疯子一样的人在一口大锅里"big-bang"一声"爆出"一个宇宙来。伽莫夫等却欣然接受了这一名称，"大爆炸宇宙模型"从此有了特定的含义。后来，又有新的宇宙模型被提出来，大爆炸模型遭到冷落。

　　20 年后，新的哈勃常数的测定克服了"母亲比孩子更年轻"的悖论，宇宙背景辐射的真实存在也被测出来了，由世界大战推动的核能和核物理理论研究也深入发展，使大爆炸宇宙模型重新大放异彩，成为举世公认的"标准宇宙模型"并被载入科学发展的史册，使其他各种宇宙模型黯然失色而退出历史舞台。

　　1993 年 8 月美国《天空和望远镜》杂志征集读者意见，想为大爆炸宇宙模型换一个更好的名称，应征信函多达 1 万多封，却没有征得满意的结果，人们仍然称之为"大爆炸宇宙模型"。

☉* 13.2 探测宇宙微波背景辐射

　　1964 年，美国贝尔电信公司的无线电工程师彭齐亚斯（A. A. Penzias）和威尔逊（R. W. Wilson），正在研究关于卫星通信总是受到来自天空的噪声干扰，信噪比太低的问题。为了弄清楚干扰噪声的源头，他们研制了一台特殊的喇叭形天线，能指向天空各处，扫描各个方向来探寻干扰噪声的来源。天线设计的灵敏度非常高，而且它所有的接收原件都放在极低温的环境下，尽量减少温度对信号的干扰。让人意外的是，他们发现天空各处均存在着一种基础辐射，其温度水平是 5 ～ 10 开。无论何种地面条件、温度的高低、季节又或是天气，白天还是夜晚，在任何情况下卫星通信均受到同一水平的干扰。他们无法解释这些干扰噪声和这种无所不在的辐射到底从何而来。他们并不知道，这就是天文学家们正在孜孜以求的宇宙微波背景辐射！电视机出现之后，在打开电视而没有任何节目播出的时候会出现纷繁杂乱的雪花点，其中 1% 的信号就是宇宙微波背景辐射！

发现宇宙微波背景辐射的喇叭形天线

　　当时，普林斯顿大学的天体物理学家迪克（R. H. Dicke）、皮布尔斯（P. E. J. Peebles）和威尔金森（D. T. Wilkinson）等正在研究关于宇宙创生的大爆炸理论，正准备着手探测宇宙背景辐射，却传来了彭齐亚斯和威尔逊的喇叭形天线已经探测到神秘信号而不知为何物的消息，双方一经交流，一拍即合。美国权威的《天体物理学报》很快同期发表两篇文章：彭齐亚斯和威尔逊的《在 4080 兆赫上额外的天线温度的测量》，以及迪克和皮布尔斯的《宇宙黑体辐射》。两相对照，敏感的读者们立刻意识到，大爆炸宇宙模型的理论预言真的被检测到了！随即许多专业的天文台也使用类似设备，在更宽的波段进行了反复测量，令人信服的结果表明宇宙背景辐射确实存在，大爆炸宇宙创生理论得到了一个有力的观测证据！彭齐亚斯和威尔逊获得了 1978 年诺贝尔物理学奖，皮布尔斯也获得了 2019年诺贝尔物理学奖。在得知宇宙背景辐射已经被测出的消息之后不久，1968 年 8 月 19 日，时任科罗拉多大学教授的伽莫夫辞世，长眠于远离祖国的绿色小山墓地。

1989 年美国 NASA 发射了一颗专门测量宇宙背景辐射的探测器卫星，它的缩写名字为 COBE（cosmic background explorer）。因为仅在地球表面进行测量，会受到大气层屏蔽的作用，很多波段都无法接收，所以只有发射卫星才能有效地接收各个波段的辐射。

宇宙背景辐射探测器（COBE）

天文知识小卡片

一般物体对于外来辐射都是既有反射又有吸收。物理学上定义一种没有反射只有吸收的物体叫绝对黑体。绝对黑体在某一温度下，其辐射强度随波长或频率变化的曲线叫作普朗克曲线。宇宙整体没有外界也就没有反射，应具有绝对黑体的性质，它所发出的背景辐射应当符合理论上的绝对黑体的普朗克曲线。

COBE 卫星测量的宇宙背景辐射结果，与相应温度为 2.728 ± 0.004 开的普朗克曲线有着高度精准的吻合。下图中的小方格为实测数据，横坐标为背景辐射的频率，以 cm^{-1}（厘米$^{-1}$）为单位（$1cm^{-1}=3 \times 10^4$ 兆赫）。测量范围从 3 万兆赫的微波到 0.6 太赫的远红外线。测量得到的宇宙背景辐射峰值频率 $5.35cm^{-1}$ 与理论上的普朗克曲线峰值频率 16.04×10^{10} 赫相当吻合（$5.35cm^{-1}=16.04 \times 10^{10}$ 赫）。

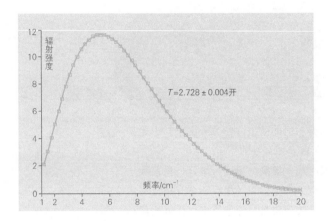

COBE 卫星测量的宇宙背景辐射曲线

COBE 卫星还通过大量的观测资料，得出一张令人激动的宇宙背景辐射的能量分布图，用不同颜色描绘出"婴儿时期"（约 40 万岁）的宇宙各处温度不均匀的图景。温度不均匀的范围为 16 微开。主持这项研究工作的美国伯克利大学的斯穆特（G. Smoot）和 COBE 卫星项目主持人 NASA 的马瑟（J. Mather）获得了 2006 年的诺贝尔物理学奖。

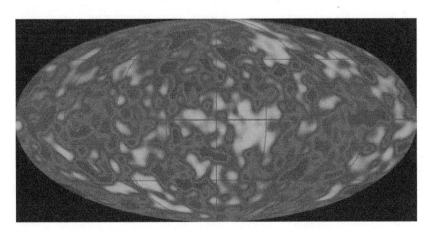

宇宙 40 万岁时的婴儿图景

2001 年 6 月美国又发射了精度更高的"威尔金森微波各向异性探测器"（WMAP），

2009 年 5 月欧洲发射了 Planck（普朗克）宇宙背景辐射探测器（简称 Planck），用更新的技术给出了更加精确的结果。下图是 WMAP 给出的更加清晰的宇宙背景辐射能量分布图，宇宙温度不均匀的范围扩展到 −200 ～ 200 微开。

WMAP 给出的宇宙背景辐射能量分布图

　　COBE、WMAP、Planck 三代探测器的分辨率一代比一代高，对宇宙婴儿时期的样貌给出了一代比一代细密的写照。下图是它们的分辨率比较。

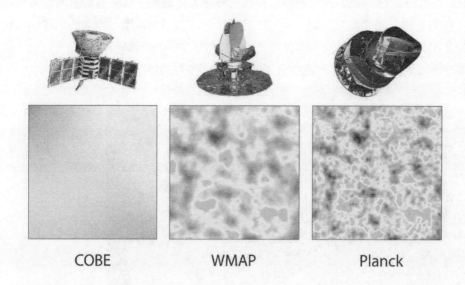

三代探测器分辨率比较

　　宇宙背景辐射的实际观测，有力地验证了大爆炸宇宙模型的可信度，不仅测出了宇宙 40 万岁时整体平均温度的准确数值，而且测出了宇宙各处微小的温度起伏。正是这些起伏，成为以后星系和恒星形成的种子，使宇宙在总体密度降低的同时，有局部区域的物质在引力作用下集聚而形成高密度的多层次天体，历经 130 多亿年，演化为今日缤纷灿烂的宇宙。宇宙背景辐射的实测和研究成果已 3 次（1978 年、2006 年、2019 年）获得诺贝尔物理学奖。

◉ 13.3　宇宙物质从何而来

随着第二次世界大战时期对核武器和粒子物理学的研究及其发展，物理学家们逐步揭示了物质产生的规律，对各种化学元素和物质粒子的创生机制已经形成了清楚的认识。

宇宙中的各种化学元素都是由原子组成的，原子又由原子核和核外电子组成，原子核里面又有许多质子与中子。后来科学家又发现质子与中子是由更基本的粒子夸克组成的。

当代物理学的基本粒子标准模型认为，基本粒子一共有 61 种：其中 48 种是组成物质的粒子，叫作费米子；另外 13 种是传递物质作用的粒子，叫作玻色子。48 种费米子有：红、绿、蓝 3 色，上、下、顶、底、奇、粲 6 味共 18 种夸克；电子、μ 子、τ 子、电子中微子、μ 中微子、τ 中微子这 6 种轻子；再加上它们每一种相应的反物质粒子。13 种玻色子有：传递电磁作用的光子，传递强相互作用的 8 种胶子，传递弱相互作用的 3 种中间玻色子，另外还有希格斯玻色子。希格斯玻色子是宇宙中一切物质的质量之源，被戏称为"上帝粒子"。它通过相互作用而获得质量，其他粒子在它构成的场中，受其作用而产生惯性，才各自有了质量。61 种基本粒子中，希格斯玻色子以外的 60 种都得到了大型粒子加速器实验数据的支持与验证。这 61 种基本粒子不包括传递万有引力作用的假想粒子——引力子。与宇宙创生模型有关的还有如下几条规律。

宇宙物质产生规律一

正、反物质粒子是由大量的光子（光子仅是能量不是物质）在极高的温度下产生强烈的运动，互相碰撞，在碰撞的过程当中产生的。物质粒子一定是成对产生的，有一个正粒子的同时会有一个反粒子。这些正、反物质粒子如果相遇，又会湮灭，回归成光子。

$$
\begin{array}{ccc}
 & \text{高温碰撞} & \\
\text{能量} & \xrightleftharpoons{} & \text{正、反} \\
\text{（光子）} & \text{湮灭} & \text{物质粒子}
\end{array}
$$

物质粒子产生的规律一

光子在极高温度下因碰撞而产生物质粒子。这一温度叫作阈温（阈值温度的简称）T，$T=mc^2/k$。m 为粒子的静质量，c 为光在真空中传播的速度，k 为玻尔兹曼常量，$k \approx 1.38065 \times 10^{-23}$ 焦/开。下表列出了一些物质粒子的反粒子、静质量、静能量和阈温。

一些物质粒子的反粒子、静质量、静能量和阈温

粒子		反粒子	静质量/克	静能量/兆电子伏	阈温/亿开
光子		—	0	0	0
轻子	中微子	反中微子	0（待证实）	0（待证实）	0
	电子	正电子	9×10^{-28}	0.5	59
强子	质子	反质子	1.6×10^{-24}	938	10万
	中子	反中子	1.6×10^{-24}	939	10万

宇宙物质产生规律二

处于自由状态的中子是不稳定的，它会衰变成质子＋电子＋反电子中微子，"寿命"（存在时间）只有 888.6 秒。中子不带电，质子带正电，电子带负电；异性电相互吸引，同性电相互排斥。中子不甘心处在中性状态，一段时间后，中子一定会变成带正电的质子或带负电的电子。

宇宙物质产生规律三

中子和质子在极高温度下会聚变为氘原子核，也叫重氢原子核，由一个质子和一个中子组成。两个氘原子核相撞进一步生成氚原子核，又称超重氢原子核，由一个质子和两个中子组成。再进一步形成由 2 个质子和 2 个中子组成的氦原子核。在极高温度环境下，所有这些反应和逆反应都在同时进行着，只有当环境温度低于 9 亿开时，逆反应才停止，大量产出的氦原子核在核力的束缚下成为十分牢固的体系。这时氦原子核里的中子结束了自由状态，再不能衰变而被稳定地保存下来了。这是一步非常重要的宇宙创生进程，如果没有这一步进程，中子统统衰变，宇宙中就只有氢而不会有其他任何品种的化学元素了，因为除了氢，任何化学元素的原子核里都必须有中子。

宇宙物质产生规律四

当环境温度低于 4000 开时，氢、氦原子核开始与自由电子相结合，形成稳定的氢、氦原子。在恒星、星系这些天体都还没有形成的早期宇宙，这些氢、氦原子就是宇宙原初物质。由这些宇宙原初物质产生的辐射遗存到今天，就是 3K 背景辐射。再往后，恒星和星系在引力的作用下形成，恒星内部的热核反应产生出氦以后直到铁为止的各种化学元素

的原子核，大恒星的超爆使这些元素散落出来，同时又产生铁以后的所有化学元素，共同催生出下一代恒星，……茫茫宇宙，膨胀降温，有生于无，生源于死，生生不息。

◯* 13.4 宇宙创生的进程

在宇宙大爆炸之后的 0.0001 秒时，宇宙的温度是几十万亿开，高于强子跟轻子的阈温，大量的光子在高温下碰撞，产生出正反强子、正反轻子，直至光子数与粒子数一样多，处于平衡状态。强子破碎为夸克，夸克处于"渐近自由状态"（物理学名词，意指基本粒子之间无限接近时，相互作用不是无限增强，而是互不干涉，自由行动）。宇宙中的粒子品种有正、反夸克，正、反电子，正、反中微子。产生出来的正反粒子数量之比为（10 亿 +1）∶10 亿。相互湮灭之后只有 10 亿分之一的正粒子留存下来。待温度稍低，夸克又组合成强子。因为强子比轻子的质量大，强子的总质量远大于轻子的总质量。这一阶段虽只有短短的 0.0001 秒，也是一个时代，叫作强子时代。

当宇宙爆炸后 0.01 秒时，随着宇宙的膨胀，温度降低为 1000 亿开，低于强子但大于轻子的阈温，大量光子碰撞只能产生轻子，先前产生的强子绝大多数已经湮灭。这一阶段质子和中子各占剩余强子的一半；轻子数激增，轻子和强子的数量比为 10 亿∶1。这个时代被称为轻子时代。

当宇宙爆炸后 13.82 秒时，宇宙温度已经降低至 30 亿开，小于轻子的阈温，此时也不会再产生轻子了，轻子时代宣告结束，宇宙物质被创造的整个过程也已经结束。中子衰变现象逐渐显现，质子与中子的数量比为 83∶17。正反物质的比仍为（10 亿 +1）∶10 亿。

当宇宙爆炸后 3 分 46 秒时，宇宙温度进一步降低至 9 亿开，所有能量转化为物质的反应都已停止，物质已经全部产生出来。正、反粒子大部分湮灭，只留存 10 亿分之一的正物质。中子和质子结合成为氦原子核，自由中子消失，钻进氦原子核的中子得以保存下来，不再衰变，被称为核合成时代。质子与中子的数量比变为 87∶13，而全部中子都与等量的质子结合为氦核，剩余的质子单独成为氢核，所以氢核与氦核的质量比为（87−13）∶（13+13）=74∶26，这两个比例值一直保持到现在。

时标 30 万～ 70 万年时，温度降至 3000 ～ 4000 开。30 万年以前，宇宙的尺度虽已膨胀到相当的规模，但各种物质粒子大体均匀地分布在空间各处，没有聚集，没有成团，没有形成复杂的结构，悬浮于高温的光子之中。除氢和氦原子核外，只形成了极少量的一些较轻的化学元素锂、铍等的原子核，但不能形成稳定原子。电子、原子核和光子等紧密耦合在一起，组成等离子体。光子不能自由穿行，能量和物质处于热平衡状态。30 万年以后至 70 万年，空间扩大了，温度条件也允许了，电子开始与原子核结合，形成稳定的批量中性氢、氦原子和微量的锂、铍原子。自由电子逐渐消失，物质与辐射，亦即光子与以原子为主的物质粒子之间相互作用的概率已经很低，解除了原来紧密耦合在一起的关系，称为"物质与辐射的退耦"（"耦"在汉字字义上与"偶"相通，"退耦"或可类比于人间的退离配偶关系）。这就是复合时代——宇宙逐渐从以能量为主的时期转变为以物质为主的时期。光子可以自由穿行，黎明的曙光到来了。这最早出现的原初辐射遗存到今天，就是 3K 背景辐射。

估计时标为 4 亿～ 5 亿年时，温度降至 100 开。70 万年以后，宇宙继续膨胀降温，辐射压力越来越小，引力上升为主要作用力，物质粒子开始聚集成团，第一批恒星诞生。此前的一段时期，虽有暗弱的背景辐射，物质仍大体呈均匀结构，只有微小的、局部的密度起伏，没有任何会发光的天体，天文学家称之为"黑暗年代"（Dark Ages）。当"黑暗年代"结束，恒星和星系成批诞生。星光灿烂的宇宙辉煌时期开始了，宇宙的大尺度结构逐渐形成。在星光的作用下，宇宙中散布的氢、氦原子再次电离，变成等离子体；在恒星内部，较轻的原子核聚变为较重的原子核。大恒星超爆又造就出更重元素的原子核。因恒星超爆而散落的原子核与太空和星云中的物质再度聚集，形成第二代、第三代恒星，一些恒星周围出现行星、卫星……

时标 137 亿年，温度 2.7 开，在宇宙一隅，一颗小小的行星——地球上出现了万物之灵的人类（当然，不排除在宇宙另一处，有别的行星也有智慧生命）。人类智能发展到现在，不仅探测到物质宇宙最早的"原初辐射"遗迹——3K 背景辐射，而且试图了解宇宙创生的全过程。

以上就是标准宇宙模型所描述的从大爆炸至今的宇宙进程。附带说明一点：年、月、日、时、分、秒这些时间单位都是地球环境下形成的概念，早期宇宙根本没有太阳和地球，这里只是经过换算借用一下而已。

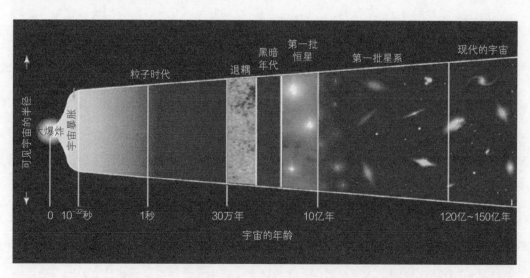

从大爆炸至今的宇宙进程示意图

标准宇宙模型的客观真实性，有以下几个天文观测方面的证据。

第一个观测证据是宇宙确实在膨胀，从哈勃本人到哈勃空间望远镜对星系红移的观测中已经得到了明确的结论。

第二个观测证据是，当代宇宙重子物质中氢与氦的质量比是 74:26，氢氦两者质量之和与其他所有元素质量之和的比是 99:1，实际的测量数据跟理论相吻合。

第三个观测证据是 3K 背景辐射确实存在。

第四个观测证据是现实宇宙中观测到的光子总数与重物质粒子总数之比为 16 亿：1，与理论推导出的结果相一致。

当初由光子碰撞产生出的正、反物质，每 10 亿个多了一个正的物质粒子。10 亿个正的物质粒子和 10 亿个反的物质粒子都互相湮灭，剩下 1 个被保留下来，形成当今正物质的宇宙。据此，由当代粒子物理学理论计算，宇宙中的光子数与重物质粒子数的比应为 16 亿：1，WMAP 和 Planck 宇宙背景辐射探测器测出的数据与之相符。只要物质粒子不再由光子碰撞产生出来，光子数与重物质粒子数之比就不会发生变化。其保持不变的时间可以追溯到宇宙年龄为 13.82 秒的时候，从那以后，物质粒子由光子碰撞产生出来的过程就结束了。

当代宇宙平均每立方米空间有 4.17×10^{-25} 克的重物质粒子。仰望苍穹，宇宙之浩渺寥廓和物质的稀少寡淡成为鲜明的对比。如果把所有天体物质都打成碎屑，再均匀撒布到宇宙各处，那么，在以地球到月亮的距离为半径的球形空间里，只有不到 100 克重物质粒子！

标准宇宙模型获得辉煌的成功，但它依然不是终极理论，它本身仍有一些说不清楚的地方。但正如温伯格所说："即使将来它被别的理论取代了，它毕竟在宇宙学研究的历史中起到过重要的作用。"

14 | 第14章
暗物质与暗能量

当代天文学研究最前沿的课题被归纳为"两暗一黑三起源","两暗"是指暗物质、暗能量,"一黑"是黑洞,"三起源"是宇宙、天体和生命的起源。

21世纪,随着天文学的发展,天文学家提出了暗物质和暗能量这两个未解之谜,本章我们就探讨一下这两个未解之谜的相关话题。

● 14.1 21世纪的两朵乌云

1900年4月27日,英国物理学家开尔文(Kelvin,1824—1907,原名 William Thomson,1892年任皇家学会会长时被皇室封为开尔文勋爵)在英国皇家学会发表了题为《遮盖在热和光的动力理论上的19世纪乌云》的演说。他说:"在已经基本建成的物理学大厦中,后辈物理学家只要做一些零碎的修补工作就行了……但是,在物理学晴朗天空的远处,还有两朵小小的令人不安的乌云。"他说的这两朵乌云是德国的普朗克关于黑体辐射的实验,以及美国的迈克耳孙(A. A. Michelson)和法国的莫雷(E. W. Morley)合作的光干涉实验。这两个实验的结果用当时的物理学理论无法解释。

普朗克实验的结果告诉我们,黑体的辐射能量是一份一份的,不是连续的。现在我们知道这其实就是量子的表现,能量确实是由一份份的光子提供的,不可能有半个光子,这是量子力学最基本的事实,可是用经典物理学无法解释。

迈克耳孙–莫雷实验,目的是验证地球相对于绝对空间的运动。因为地球在自转,同时绕太阳公转，而太阳系在银河系做大规模运转，整个银河系又在宇宙当中运动。迈克耳孙－莫雷实验就是想用光干涉的精确方法，测试地球相对于完全不动的绝对空间到底是怎么运动的，但是他们测量了几十次都没有成功，好像地球没有这种运动，这显然有悖于当时的经典物理学理论。即使曾经有人告诉迈克耳孙，一位德国的年轻人爱因斯坦发表了一个新的理论，表明绝对空间并不存在，但是获得过 1907 年诺贝尔物理学奖的迈克耳孙并不认可，最终带着遗憾离开了人世。现在我们知道，迈克耳孙－莫雷实验不失为物理学历史上具有划时代意义的最优秀的实验之一，实验的失败恰好证明了相对论的成功。

两朵乌云演说后的二三十年，这两朵小小的令人不安的乌云竟然化为物理学天空中的电闪雷鸣，狂飙起处，整座经典物理学的大厦都为之动摇了。这段时间，物理学家们揭开了原子内部的秘密，天文学家们窥测到遥远的河外星系的行踪。普朗克实验导致薛定谔、海森伯、狄拉克创建量子力学，迈克耳孙－莫雷实验的结果从爱因斯坦的相对论找到归因。看似精美绝伦的经典物理学体系只是在某种程度上近似地描绘出了自然界的规律，更精确、更全面的理论要让位于以量子力学和广义相对论为两大支柱的全新架构。

100 多年后的今天，又有两朵小小的乌云涌现天际……这就是天文学家提出的宇宙当中存在的暗物质和暗能量。新世纪（21 世纪）刚刚开始，宇宙探索已经迈出了重要的几步。暗物质和暗能量这两朵乌云也许会像 100 多年前的那两朵乌云一样酝酿出新的领域，把人类认识宇宙、认识自然的能力推向一个新的高度。

◐ˇ 14.2　宇宙的未来会是什么样的

标准宇宙模型描述了宇宙从前的情况，如果继续追问未来的宇宙会怎么样，答案是有两种可能性。一种是宇宙会一直膨胀下去，随着宇宙的膨胀，温度会越来越低，低到几乎没有任何温度，那就是绝对零度的状态。早在这之前，地球上的人类就冻死了，这样的宇宙叫作开宇宙。另一种是宇宙膨胀到一定程度，比如现在是 137 亿年，往后再过几百亿、几千亿年，到某一个时候宇宙会停止膨胀，然后往回收缩，逆着从前膨胀的过程，最终又回到当初的状态，温度高达几十万亿开。即使人类的后代能够幸运地一直在延续，也等不到那时，他们早就热死了，这样的宇宙叫作闭宇宙。

宇宙未来到底是开是闭，取决于现实宇宙的物质密度是否大于或者小于理论上的临界密度，这个临界密度 ρ_c 用牛顿的经典物理学体系，或用相对论的新的物理学体系，都可以计算出来，而且结果是一样的，计算公式为

$$\rho_c = 3H^2/8\pi G$$

H 是当代哈勃常数，G 是万有引力常数。取 H=70.5 千米 /（秒·百万秒差距），可得

$$\rho_c \approx 0.933 \times 10^{-29} 克 / 厘米^3 \approx 10^{-29} 克 / 厘米^3$$

如果宇宙现实物质密度小于临界密度，它是开宇宙；如果宇宙现实物质密度大于临界密度，它是闭宇宙。

现实物质的密度高，相互的引力作用就强，引力会把膨胀宇宙当中的物质重新拉回来，这就是闭宇宙。如果密度不够，引力虽有但是不够大，不可能把膨胀宇宙中的物质拉回来，这就是开宇宙。所以关键在于宇宙的现实物质密度到底是多少。

根据天文观测统计的结果，所有亮物质（即能被观测到的天体物质）的平均密度是 0.417×10^{-30} 克 / 厘米 ^{3}，显然小于临界密度，以此判断宇宙是开的。可是，如果除了亮物质之外，宇宙当中还存在我们通过现有手段不能观测到的、虽有质量但不发出任何辐射的暗物质，情况也许就会大不一样了。可是暗物质真的存在吗？它们的占比又是多少？

14.3 暗物质的存在

近几十年的天文观测，从以下几个方面都表明了宇宙中的暗物质是确实存在的。

1. 引力质量超过光度质量

用天文方法测量天体系统，如星系、星系团或者超星系团的质量有两种方法。一种是通过引力，即通过恒星绕星系核心运转的速度、轨道半径计算出星系的总质量，这种由引力计算出的天体系统的质量，叫作引力质量。

另外一种方法就是通过统计星系中所有恒星的个数和它们各自发光的程度，再通过质量 – 光度关系推算出整个系统的总质量，这一质量叫作光度质量。

将两种方法用于同一个测量对象，结果发现，测出的引力质量总是比光度质量大得多。早在 1933 年，瑞士天文学家兹威基（F.Zwicky）就通过天文观测发现室女星系团的引力质量是光度质量的 200 倍，后发星系团的引力质量更是高达光度质量的 400 倍。于是他最早提出宇宙中可能存在暗物质的观点。因为光度质量只是那些发光物质的质量，而引力质量是发光物质与暗物质加在一起的质量。这是第一个观测方面的证据。

2. 星系团成员的运动能量超过亮物质的引力能量，而星系团没有瓦解

观测发现，一些星系团中的星系平均运动速度大到足以摆脱由光度质量估算出来的引力束缚，如果没有更加强大的引力束缚系统，星系团早就瓦解了，可是长时间以来人类没有看到任何瓦解的迹象，因此可以证明一定存在足够强大的引力束缚系统，其主角应是暗物质，这是宇宙中存在暗物质的第二个观测证据。

3. 星系中的恒星绕中心旋转的线速度不随距离而减小

一个星系里有大量的恒星，这些恒星因为引力的作用而绕着星系的中心旋转，测量这些恒星的旋转速度可以了解整个星系的动力学情况。根据开普勒第三定律，恒星距离星系中心越远，公转周期越长，角速度越低，转动线速度也应随距离的增加而下降。可是通过恒星在星系当中运转的实际情况，描画出来它们的公转速度分布曲线，发现情况并非如此。1970 年，美国女天文学家薇拉·鲁宾（Vera Rubin）和她的博士研究生一起发表文章，给出仙女星系 M31 各部分转动速度变化的情况，后来又发表对 M33 研究的类似结果。

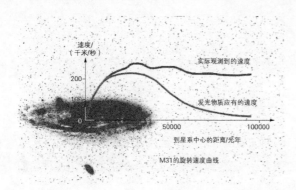

M31 各部分转动速度

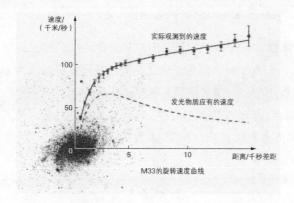

M33 各部分转动速度

1978 年鲁宾又发表了 7 个旋涡星系的旋转速度曲线（如下图），清晰地表明恒星的旋转速度并没有因为离星系中心遥远而下降，有的甚至与近处的恒星持平或大幅上升。原因就是星系当中特别是远离中心的边缘区域存在着大量的暗物质。1980 年鲁宾再次发表文章，指出对 21 个 Sc 型旋涡星系的观测都得到同样的结果。她写道："在利用光学手段看到的星系之外，不可见物质的存在是不可避免的。"这是宇宙中存在暗物质的第三个证据。

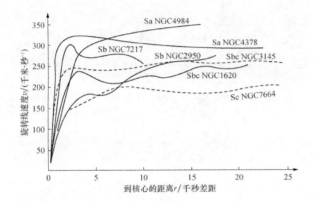

7 个旋涡星系的旋转速度曲线

天文知识小卡片

美国女天文学家薇拉·鲁宾（Vera Cooper Rubin，1928—2016）在宇宙暗物质研究中做出重大贡献。她是美国科学院历史上第二位女性院士（第一位是美籍华裔女物理学家吴健雄），获得美国国家科学奖章、英国皇家天文学会金质奖章和象征天文学终身成就奖的布鲁斯奖。

她观测研究了 200 多个星系，发表了 100 多篇学术论文，证实宇宙中确实存在大量暗物质。2016 年 12 月 25 日鲁宾辞世，享年 88 岁。鲁宾的 4 个子女都是博士：两位地质学博士，一位数学博士，一位天文学博士。

2020 年 1 月 6 日，正在智利建设的美国 8.4 米大口径全天巡视望远镜（LSST）所在的天文台被命名为薇拉·鲁宾天文台，这是美国第一个以女性命名的国家天文台，其首要科学目标就是研究神秘的暗物质和暗能量。

4. X射线观测发现星系与星系团需要有暗物质形成的引力与高温气体压力抗衡，以维持稳定

空间 X 射线望远镜的观测表明遥远的星系和星系团里有大量的高温气体，高温气体一

定会产生强大的对外压力。如果没有一个相应的引力与之抗衡，那么这些星系和星系团都不能够稳定地存在。由于所有可观测到的亮物质都不足以产生如此强大的引力，科学家因而推断一定存在大量的暗物质。

这方面的观测实例很多，例如斯蒂芬五重星系 HCG92，钱德拉 X 射线天文台拍到弥漫其间的蓝色高温 X 射线气体延伸达 28 万光年，但在光学照片中却没有。

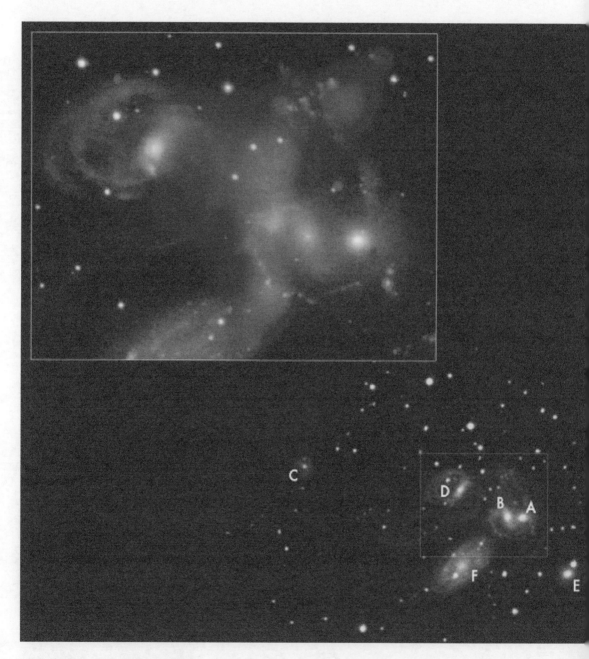

斯蒂芬五重星系 HCG92 的高温 X 射线气体

狮子座星系团 M1054-0321 是拥有数千个星系的星系团，距离 80 亿光年，伦琴卫星（ROSAT）拍到它内部的 3 亿开高温 X 射线气体。

狮子座星系团 M1054-0321 的高温 X 射线气体

长蛇座 RDCS1252.9-2927 星系团距离 90 亿光年，质量 200 万亿 $M_\odot$。下图的左半部分是哈勃空间望远镜拍摄的光学图像，右半部分是钱德拉 X 射线天文台拍摄的 X 射线图像，漂亮的紫色部分是高温气体，温度 7000 万开。

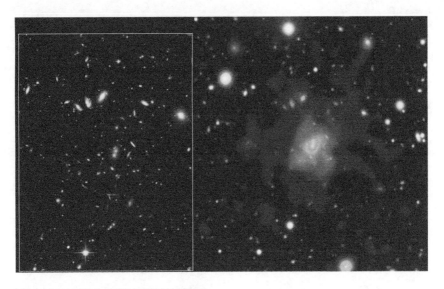

长蛇座 RDCS1252.9-2927 的高温 X 射线气体

　　船底座星系团 1E0657–56 也称子弹星系团（Bullet Cluster），距离 34 亿光年，由两个大的星系团碰撞并合形成。下图中的红色部分是钱德拉 X 射线天文台拍摄的 X 射线图像，由碰撞产生的高温气体发出；白色和黄色的众多星系是哈勃空间望远镜和美国 6.5 米口径麦哲伦望远镜拍摄的光学图像；蓝色部分是星系团中的暗物质，虽不能由观测直接得到，但可以根据暗物质引发的引力透镜效应描绘出来。这张图像清楚地显示出了在星系团发生碰撞以后，普通物质、高温气体和暗物质都对称分离，暗物质分离后相距最远，因为暗物质之间没有相互阻滞作用。这张图像被认为是首次发现宇宙暗物质存在的直接证据，拍摄于 2004 年 8 月 10—15 日，公布于 2006 年 8 月 21 日。

船底座子弹星系团的光学、X 射线和暗物质图像

天文知识小卡片

引力透镜效应是从广义相对论引申出来的强引力场中的电磁波偏离直线传播的效应。具体而言，引力透镜效应是指一个远方天体的光或其他电磁波在传播途中，受到强引力场天体造成的时空弯曲影响，不能沿直线到达地球，而出现双重或多重像，或使亮度增强、形象畸变等，类似于透镜对光线产生的作用。

引力透镜效应著名的例子"爱因斯坦十字"是一个距离为 80 亿光年的类星体 G2237 + 0305，因受距地球 4 亿光年远的中间亮星系引力透镜效应的影响，形成 4 个像，上下两个像分开的距离是 1 角秒。引力透镜效应另一个著名的例子是"笑脸猫"：两只明亮的大眼睛是前置星系，张角 9 角秒，距离 45 亿光年；弧形的大嘴巴和脸部轮廓是发生畸变的远方星系，蓝色弧是同一星系的幻象，距离 76 亿光年。

爱因斯坦十字　　　　　　　　　　　　　　笑脸猫

强引力透镜效应使背景天体增亮、放大，并形成多重像甚至爱因斯坦环；弱引力透镜效应使背景天体增亮、放大，畸变但不形成多重像；微引力透镜效应仅使背景天体增亮，没有其他表现。

产生引力透镜效应的前置天体可能是有巨型黑洞的星系、星系团，也可能是非重子暗物质。由于引力透镜效应的亮度增强作用，一些遥远因而暗弱的星系原本无法观测到，现在也能被观测到了。引力透镜效应也是发现暗物质的"探针"。

下图为猎户座 Abell 520 星系团，距离 24 亿光年，图中的绿色部分是 X 射线热气体，蓝色表示暗物质的分布，光学图像来自 CFHT。

Abell 520 星系团的光学、X 射线和暗物质图像

　　类似的例子还有凤凰座 J0102–4915 星系团，又称 EL Gordo（西班牙语，意为大胖子）星系团，距离 97 亿光年，是由两个星系团并合而成，质量是银河系的 3000 倍。

凤凰座大胖子星系团

玉夫座潘多拉星系团

玉夫座 Abell 2744，又称潘多拉星系团，距离 35 亿光年，暗物质占总质量的 75%，推测为 3.5 亿年前由 4 个星系团并合而成。

御夫座 RXJ0603.3+4214 星系团

御夫座 RX J0603.3+4214 星系团，距离 27 亿光年。左图的上部有一把绿色的"牙刷"是欧洲低频（微波）阵（LOFAR）得到的射电信号。粉红色部分来自钱德拉 X 射线天文台的 X 射线信号，像是牙刷刷出来的泡沫。蓝色代表暗物质。可见光图像来自日本放在夏威夷的 Subaru 望远镜。

双鱼座 CL0024+17 星系团暗物质环

双鱼座 CL0024+17 星系团，距离 50 亿光年。左图中的暗物质环的图像是由哈勃空间望远镜通过引力透镜效应给出的，2007 年 5 月 15 日公布。

首次公布的暗物质三维空间分布图见下图，是位于六分仪座 1.5°×1.5° 的一片天区，相当于 9 个满月的面积（实际空间范围约 1 亿光年直径），纵深 30 亿光年。其中 3 幅小图分别为 35 亿、50 亿和 65 亿光年远处的截面照片，对应于 35 亿、50 亿和 65 亿年前的图景）。该图由 70 位天文学家分析了 575 张哈勃空间望远镜（HST）拍摄的照片后，又根据 50 万个引力透镜效应实例，并参考空间 X 射线和地面射电观测的信息得出。

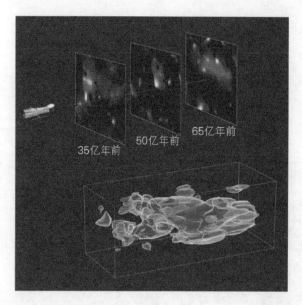

暗物质三维空间分布图（HST 的高级巡天相机 ACS；广视场相机 WFC 拍摄）

14.4　暗物质究竟是什么物质

天文观测发现了暗物质存在的证据，并推测出它在宇宙物质中的占比，还知道它的主体部分具有的性质是：不参与电磁作用及强相互作用，有引力、有质量但是没有任何辐射，暗物质粒子质量大、寿命长。它是迄今所有人类已知的物质粒子以外的物质。物理学家们为暗物质粒子暂时取名为"弱相互作用大质量粒子"（WIMPs），并试图用物理学的方法去寻找它们。它们到底是什么？现在我们依然完全不知道，谜团还没有被揭开（哪怕一点点）。

深入地下，直接探测

用物理学的方法寻找 WIMPs，一条途径是散射实验，也称直接探测实验。地球上任何一个原子核如果与一个 WIMP 碰撞，将会释放能量发出散射信号，用高灵敏度的探测器可以捕捉信号而查获 WIMP 的踪迹。但这种实验在地表、大气层或外层空间都很难成功。因为地球上的放射性物质和宇宙线中的质子、电子同样能产生类似的散射信号，很难判定确系来自 WIMP。加之 WIMPs 不参与电磁作用而与任何核外电子相安无事，只

找原子核 "说话"，原子核的半径是核外电子的活动空间范围半径的几千分之一，所以由 WIMPs 产生散射信号的概率很低，这些信号几乎全都被其他噪声淹没了。WIMPs 散射实验需在很深的地下进行，因为那里只有WIMPs 和中微子才能到达，屏蔽了所有其他粒子。下图给出了全球 12 座地下 WIMPs 散射实验室深度比较，最深的是中国锦屏地下实验室（China Jinping Underground Laboratory，CJPL）。

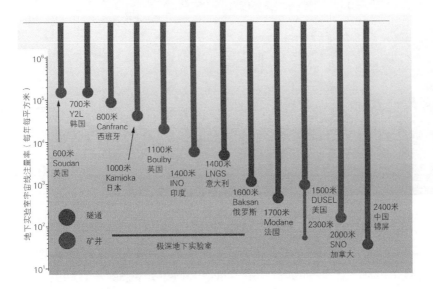

全球地下 WIMPS 散射实验室深度比较

中国锦屏地下实验室位于四川成都市西南约 500 千米的雅砻江二滩水电站全长 18 千米的锦屏隧道中部，上距地表 2500 米，2010 年 12 月 12 日建成，交通方便，可以开车直接进入。中国锦屏地下实验室有清华大学的全球质量最大、纯度最高的锗晶体探测器和上海交通大学的液氙探测器——约 500 千克液态氙封装在 100 吨由聚乙烯、铅及高纯铜组成的屏蔽体内，规模仅次于美国。

飞向太空，间接探测

用物理学的方法寻找 WIMPs，另一条途径是湮灭实验，也称间接探测实验。该实验通过在太空测量 WIMPs 碰撞湮灭产生的正电子、反质子和高能 γ 射线，追根溯源，排除其他来源而判断 WIMPs 的存在。目前已有 4 个空间探测器进行这种实验：意、俄、德、瑞典合作的 PAMELA、美国发射的 γ 射线空间望远镜 FERMI、α 磁谱仪（AMS）和中国发射的 "悟空" 号暗物质粒子探测卫星（DAMPE）。

AMS 为美籍华裔物理学家丁肇中带领来自 16 个国家和地区的 54 个研究机构，近 600 名研究人员的团队，探测暗物质或反物质的空间设备，已进行了两个阶段的实验。

2015 年 12 月 17 日中国发射了暗物质粒子探测卫星（Dark Matter Particle Explorer，

DAMPE），经网络征名后命名为"悟空"号（Wukong，或 Monkey King）。DAMPE 距地面 500 千米，绕地球两极飞行，每天以同一地方时经过世界各地上空，于地方时 6 点 30 分没入地平线。DAMPE 在国际同类设备中具有最高的观测能段、最高的分辨本领和最强的抗干扰能力。

"悟空号"暗物质粒子探测卫星

下图是 2017 年 11 月 27 日中国科学院公布的当前国际上精度最高的暗物质探测结果（红色是悟空号，绿色是 AMS，蓝色是 Fermi）。悟空号在 1.4TeV 处观测到一个突出的"尖峰"，AMS 未达到这一能段，Fermi 虽然已经达到，但未能发现上述尖峰。悟空号的观测应是近年来，最接近确证暗物质存在的重大成果。

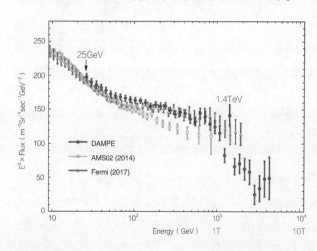

悟空号的探测成果

14.5 暗能量到底是什么

暗能量不同于暗物质。暗物质虽然用接收辐射的办法探测不到，但它和亮物质一样有引力，可成团。而暗能量探测不到，且不成团，是均匀的、分散的。暗能量不仅没有引力，而且还有斥力。

爱因斯坦当年发表他的宇宙模型理论时，曾经在他的公式里增加了一个宇宙常数项，因为他认为宇宙是和谐、静止而稳定的，如果没有这个宇宙常数项，宇宙的稳定性将难以成立。1922 年苏联数学家弗里德曼发表论文指出，一个膨胀的宇宙，没有宇宙常数项也能维持稳定。1929 年哈勃关系发表，宇宙膨胀为天文观测所证实。爱因斯坦亲自去天文台与哈勃交流，然后表示他在引力场方程中引进宇宙常数项是他"一生中最大的错误"，为此懊悔不已。（也有人猜想，是爱因斯坦懊恼于，他本可以通过广义相对论的场方程预言宇宙膨胀，却因为引进宇宙常数项而错失了做出这一重大预言的机会。）宇宙常数项的物理含义是"宇宙在存在万有引力的同时还有斥力"。爱因斯坦描述的宇宙是一个有斥力而静止的稳定宇宙，但一个膨胀的宇宙也可以没有斥力仍保持稳定。

1990 年开始，天文学家通过 Ia 型超新星验证哈勃公式：距离与退行速度成正比。Ia 型超新星源于双星机制：一颗富碳白矮星不断从与之密近的红巨星伴星那里"窃取"物质，当物质超过一定的限度后突然引发白矮星自身的碳燃烧，导致超新星爆发。Ia 型超新星有一个重要的特点是它们在光极大时的真亮度固定在绝对星等 −20 等左右，拿真亮度与实际测量出来的视亮度相比，就知道距离了。Ia 型超新星被看成是宇宙中的标准烛光，而且由于亮度极高，在很远的地方都能被观测到。对 Ia 型超新星测距是独立于用红移和哈勃关系测距之外的重要方法。

右图是哈勃空间望远镜所拍摄的大熊座宇宙深空图，下部的 3 张小图是不同年代哈勃空间望远镜拍摄的局部放大图：左边是 2001 年拍摄的，箭头指处是一颗 Ia 型超新星 SN1997ff，距离 100 亿光年；右边两张拍的是同一天区，1995 年拍的那张超新星尚未爆发，2002 年拍的那张箭头所指的小红点是一颗正在爆发的 Ia 型超新星。

哈勃空间望远镜拍摄的 Ia 型超新星

1998 年公布的结果表明，遥远星系里的几十颗 Ia 型超新星的距离不再与退行速度成正比，它们的退行速度减慢了，而且愈远的减慢愈多。距离愈远说明事件发生的年代愈古老。古代的退行速度比现代慢，表明宇宙是加速膨胀的。这一结果曾荣登 1998 年美国《科学》周刊十大成果之首。

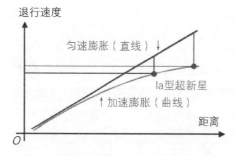

退行速度随距离的增加而减慢

2000 年公布的 18 颗、2002 年公布的 16 颗、2005 年又增加的 39 颗遥远的 Ia 型超新星观测报告，都验证了同样的结果。右图是哈勃空间望远镜发布的约 50 颗 Ia 型超新星红移与距离的观测值，愈遥远的星系，愈显示出宇宙加速膨胀的趋势。

在发现宇宙加速膨胀方面作出重大贡献的三位天文学家：珀尔马特（S.Perlmutter，美）、施密特（B.P.Schmidt，澳）、里斯（A.G.Riess，美）获得 2011 年诺贝尔物理学奖。

一个万有引力占主导地位的宇宙膨胀的速度只能减慢，因为宇宙中天体之间的相互引力，会把它们往外膨胀的势头拉回来。而使宇宙加速膨胀的原因应当来自宇宙斥力，斥力从何而来？人类目前对之一无所知，姑且取名为"暗能量"。暗能量的含义不是"看不见的能量"，因为能量本身无所谓看得见看不见。暗能量其实是指人类的知识水平有限，因而对它的认知处在黑暗之中。曾经令爱因斯坦懊悔不已而撤回的宇宙常数项，现在看来竟是真实存在的。

虽然我们对暗物质和暗能量的物理本质一无所知，但天文学家通过观测却知道它们在宇宙中的占比和大致的分布状况。这些观测包括：COBE、WMAP、Planck 三代宇宙微波背景辐射探测器的观测，以及对 Ia 型超新星和重子声学振荡的观测等。右图是 WMAP 5 年工作成果给出的宇宙密度分布图：亮物质只约占 4.56%，暗物质约占 22.8%（其中星际气体约占 3.6%，中微子约占 0.1%，黑洞约占 0.04%），暗能量约占 72.6%。

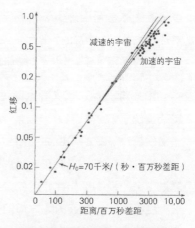

约 50 颗超新星的红移 – 距离关系

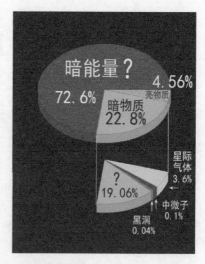

宇宙密度分布图

15 | 第15章
奇点问题、对称与破缺

◯ 15.1　宇宙极早期的暴胀模型

标准宇宙模型描述的是宇宙时标 0.0001 秒（万分之一秒）以后的演化进程。至于更早期的宇宙历史，并未追溯。0.0001 秒虽短，却隐藏着宇宙起源的真正秘密。在那 0.0001 秒内发生的事情被重重帷幕遮挡着，当代科学家也只稍稍掀开帷幕的一角，窥测到些许蛛丝马迹，将宇宙极早期的历史追溯到 10^{-36} 秒。描述这一段宇宙极早期演化进程的模型称为暴胀模型。暴胀模型面对的三大疑难是：视界疑难、平直性（也称平坦性）疑难和磁单极子疑难。

视界指在光速不变的前提下，一段时间内信号传递能到达的最远空间范围。当今宇宙的视界约等于 150 亿光年，因为宇宙年龄约 150 亿岁。前推到宇宙 70 万岁时，视界是 70 万光年，而当时实际宇宙的尺度，按标准宇宙模型的理论计算，是视界的 25 倍；再前推到宇宙年龄 10^{-36} 秒时，视界只有 3×10^{-26} 厘米，而当时的宇宙尺度是 3.8 厘米，竟是视界的 10^{26} 倍。视界限制着信号传递的范围，视界内外之间互无影响，没有任何因果联系。宇宙之中有那么多互无影响的视界区域，怎么能要求它们有大体一致的性质，而演化成今日宇宙的各向同性？这个不可思议的问题就是所谓的"视界疑难"。

平直性是指宇宙在极早期处于既不开也不闭的平直状态，这本是一个概率非常低的状态，是何原因让宇宙刚好处于这一状态？这个问题被称为"平直性疑难"。

　　磁单极子指只带单一磁荷的物体。带静电的物体有的带正电，有的带负电，可是从来没有过只带正磁性或只带负磁性的物体。一根细细的磁针，无论截到多么短，总是一头为正磁极，另一头为负磁极，只带单一磁荷的物体在宇宙中从来没有被发现过。按物理理论，在宇宙的极早期磁单极子应大量产生，至今为什么全都消失了？这就是磁单极子疑难。

　　1981 年，美国麻省理工学院的古斯（A.H.Guth）提出一种极早期宇宙演化的暴胀模型，化解了上述 3 个疑难。这一模型认为，在宇宙创生 $10^{-35} \sim 10^{-32}$ 秒时，宇宙急速膨胀。在 10^{-35} 秒之前，宇宙的空间尺度不是像前面计算的那样大（3.8 厘米），而是比视界（3×10^{-26} 厘米）小很多。后来的宇宙空间尺度是由于暴胀而急速扩大的——暴胀的程度居然使宇宙在极短的 10^{-32} 秒时间内尺度扩大了 10^{43} 倍！这样一来，视界疑难就被克服了，不存在没有因果联系的区域；也回避了磁单极子疑难和平直性疑难（其理由涉及较深的物理理论，从略）。宇宙的暴胀使空间尺度猛增，速度远远超过光速，岂不违背相对论？回答是没有。因为相对论限制的是任何物体的运动速度不能超过光速，而空间的暴胀不涉及任何物质粒子的运动。

◑ 15.2　深藏不露的宇宙奇点

　　暴胀模型算是掀开了遮挡宇宙创生帷幕的一角，把时间进程推远到 10^{-36} 秒。可前面又见一道更加厚重的帷幕，即时间的普朗克尺度 10^{-44} 秒，那时时空还没有独立形成。宇宙创生真正的起点——奇点 0 还在更深处。

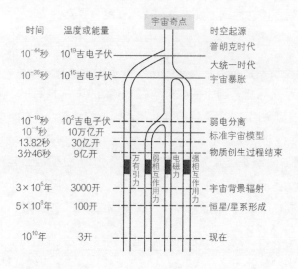

宇宙创生至今的历程

　　10^{-44}、10^{-36}、10^{-4} 秒这 3 个时间节点（图中的 3 条红线），是万有引力形成、强相互作用力形成和标准宇宙模型的起始点，与当代基本粒子理论密切相关，该理论认为支配物质世界的力（或称相互作用）共有 4 种，即强相互作用力（强相互作用）、电磁力（电磁相互作用）、弱相互作用力（弱相互作用）和万有引力（通常简称引力，引力相互作用）。它们是在宇宙的不同时期各自分化出来的。10^{-44} 秒以前，时空没有独立形成，不能区分 4 种作用力，称为普朗克时代；10^{-44} 秒以后，引力被分离出来，其余 3 种作用力统一在一起，称为大统一时代；10^{-36} 秒时，强相互作用产生，宇宙暴胀，但弱相互作用与电磁相互作用仍然统一在一起；10^{-10} 秒时，弱相互作用同电磁相互作用分离；10^{-4} 秒以后，进入标准宇宙模型所描述的阶段；13.82 秒，光子不再生成物质；3 分 46 秒，氦原子核合成，氢 - 氦原子核的总质量之比稳定下来，物质创生的过程全部结束；30 万年以后，出现宇宙背景辐射；3 亿至 5 亿年出现最早的恒星和星系，并一直演化到现在。

　　宇宙中丰富多彩的物质居然在 3 分 46 秒里就完成了创造任务，如此的高效率关键在于温度。温度的物理实质是粒子碰撞所产生的能量。碰撞越频繁，温度越高，效率也就越高。在常温下，煤不会燃烧，由煤生成二氧化碳的效率是极低的，可是在高温下，碳原子与空气中的氧原子频繁地、强烈地碰撞，煤就熊熊燃烧起来。在宇宙早期的极高温度下，光子与光子、光子与物质粒子碰撞极为频繁，宇宙创生过程的高效率——1 秒相当于 100 亿年——就不难理解了。

　　宇宙起源的真正秘密是奇点，奇点时视界和宇宙体积都等于 0，温度和密度都无限大。奇点问题是人类文明辛苦积累起来的物理概念所不能接受的。当代科学家们至今仍然完全不了解宇宙最初的 10^{-44} 秒是怎么度过的。

　　美国物理学家温伯格在他的科普名著《最初三分钟》中说："我不能否认，在我写到最初三分钟的事情时，似乎是充满信心，但是心里并不是那么踏实。""物理学并不是一个已经完成的逻辑体系。相反，它每时每刻都存在着一些观念上的巨大混乱。"另一位美国物理学家奥本海默也说过："当我们初窥宇宙创生之奥秘的时候，心中有一种畏惧感，好像那是凡人所不应该获知的奥秘。"

　　然而中国的先哲，约 2500 年前的老子却毫不含糊地说过："天下万物生于有，有生于无。"（《道德经》第四十章）没有时间、没有空间就是无，有了时间、有了空间就是有，时间起源于没有时间的状态，空间起源于没有空间的状态，

现存福建泉州郊区的宋代艺术家创作的老子石雕像

后来的有起源于当初的无。虽然我们现在无法考证，2500 年前古人在竹简上刻下这些象形文字的时候究竟是怎样想的，但是，我们今天可以用"有生于无"这 4 个字来理解宇宙创生的一些疑难问题。美国当代宇宙学家索恩说得好："人类独具的那令人惊奇的思维的力量——在迷途中知返，在进取时跳跃——最终从宇宙的纷繁复杂中发现，主宰宇宙的基本定律竟是那样的单纯、简洁和壮丽。"

时空是从 10^{-44} 秒开始的，在此之前，不存在有意义的连续时空，时间本身没有意义，也就不存在"之前"和"之后"，不能再追溯任何因果关系。物理学中绝对零度（-273.15 摄氏度）以下的温度本身是没有意义的。因为温度是所有粒子无规则运动的平均动能，若所有粒子都静止不动了，温度当然也就无意义了。不可能存在一种比完全没有热的状态更冷的状态。参照绝对零度，能否设想一个绝对零时的概念呢？既然已经绝对零时了，人类用于计量时间的任何依据（钟表、地球、一切物质的东西）就都荡然无存，"时间仍在流逝"也就无从谈起了。那么，0 和 10^{-44} 秒还有区别吗？我们似乎仍然陷在温伯格所说的"观念上的巨大混乱"之中。

◎* 15.3 对称与破缺

对称性是现代物理学中最重要的中心思想之一。这一点在麦克斯韦电动力学方程组和爱因斯坦的相对论里已经体现出来，量子力学的深入发展又挖掘出更深刻的规范对称性。在现代粒子物理、凝聚态物理中，对称性也都是一个非常深刻的概念。大到茫茫宇宙，小到生命细胞、原子、分子，都呈现出对称性的结构。

对称性中的一种称为"手性"，好像人的双手，虽左右对称，但如果不是双手合十，而是摊放在平面上，则无论怎样挪动都不能使双手重合。无论左手还是右手，与镜子中的左手和右手，只能合十而不能在同一平面上重合。镜子中的左手和右手倒是和现实中的右手和左手可以重合。这就叫"手性"。以上描述是简化了的举例，只把双手视作二维的平面图形。真实的物体都是三维的。推广到三维，一个物体如果不能与其镜像重合，就定义它为手性的。在化学和生命科学的研究对象中存在大量手性物体。几乎所有的生物大分子都是手性的。互为手性的物体，两者的化学性质完全相同，但在微观上它们的分子结构不相重合。例如地球生命体中的氨基酸都是左旋的，如果发现有右旋氨基酸的生命体，那一定来源于外星生命！

与对称性同时，现代物理学在很多方面又揭示出，在原则性对称的框架下出现了微小的不对称情形，物理理论中称之为对称性的破缺。1957 年李政道、杨振宁获得诺贝尔物理学奖的研究课题——宇称不守恒现象就是现代物理学中对称性破缺的突出例子；2008

年日本的南部阳一郎、小林诚和益川敏英获得诺贝尔物理学奖，也是因为他们对亚原子物理学中自发对称性破缺机制及有关对称性破缺起源的研究所取得的成果。对称性破缺广泛存在于宇宙各个层次的物质结构、生命机体乃至社会生活之中。对称性破缺现在已经发展为一个跨物理学、生物学、社会学与系统论等学科的广泛概念。假如没有对称性破缺，这个世界将会单调、黯淡、失去活力，甚至这个宇宙都不会形成，更不会有任何生物。

不妨借用墨西哥草帽的形象比拟对称性破缺大概率存在的道理。如果在墨西哥草帽的顶端放置一个小球（草帽和小球都是刚性材料制作，绝不变形），小球不滚落下来而保持整个系统的对称性（下图左），这样的概率极低；实际上，小球极大概率会滚落下来而破坏整个系统的对称性，这就产生了破缺（下图右）。

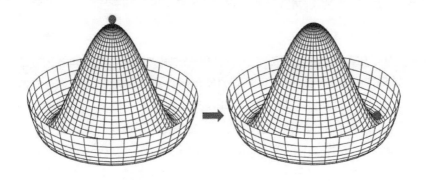

用小球 + 墨西哥草帽说明对称性破缺的产生概率

标准宇宙模型描述的宇宙创生过程充分体现了对称性。当初由光子碰撞产生出物质粒子的时候，是正、反物质粒子成对产生和湮灭的，而且产生和湮灭的双向反应保持平衡，但是这一双向反应在严格对称的同时又有着非常微小的破缺，每 10 亿对物质粒子中，正粒子数比反粒子数多了一个。正、反物质粒子产出的数量比是（10 亿 +1）:10 亿。到宇宙年龄为 13.82 秒的时候，光子碰撞产生物质粒子的过程结束；到 3 分 46 秒时，宇宙温度降至 9 亿开，氦原子核形成，自由中子消失，每 10 亿个正的和 10 亿个反的粒子都互相湮灭掉了，只剩下 10 亿分之一的正粒子留存下来，形成当今正物质的宇宙。用当代粒子物理学理论计算，当时宇宙中的光子数与重物质粒子数的比应为 16 亿：1，这个比值一直保持到现在。WMAP 和 Planck 宇宙背景辐射探测器测出的数据表明情况确实如此。如果没有这一点点破缺，完全严格对称，就不会有今日我们赖以生存的宇宙，没有太阳、没有地球，更没有人类来追索宇宙创生的过程。而这一点点破缺产生的源头，是在宇宙年龄为 10^{-36} 秒时，强相互作用从大统一中分化出来。

$$\text{能量}\ \overset{\text{高温碰撞}}{\underset{\text{湮灭}}{\rightleftharpoons}}\ \text{正、反}$$
能量（光子）   正、反物质粒子   （10 亿 +1）： 10 亿

物质粒子产生时的对称与破缺

由当代天文实测，我们知道宇宙正在加速膨胀，加速膨胀的原因是暗能量产生的斥力；又知道暗能量占宇宙总能量的大约 73%。根据宇宙暴胀理论，宇宙应该当初就是平直的，宇宙总能量密度应该等于理论上的临界密度。临界密度 $\rho_c = 3H^2/8\pi G$，计算的结果 $\rho_c \approx 0.933 \times 10^{-29}$ 克/厘米^3。

因此，实测出来的使宇宙加速膨胀的能量密度 ρ_{eff} [eff 是英文 effective（意思为"事实上的"）的缩写] 如下。

$$\rho_{eff} = 0.73 \times \rho_c \approx 0.68 \times 10^{-29} \text{ 克/厘米}^3$$

这一令宇宙加速膨胀的斥力（即暗能量）又是从哪里来的呢？当代宇宙学家想到了爱因斯坦当初提出又自己否定了的"宇宙常数" Λ，它的物理特征就是拥有斥力。

在前文提到过量子场论中关于真空相变的理论。根据不确定性原理，真空不是绝对的空无一物，那里会不断地产生正、负虚粒子对，又在极短的时间内湮灭，产生和湮灭的过程称为真空相变，也叫真空的涨落。维持真空涨落的能量叫作真空零点能，简称真空能量。真空无所不在：广袤的天体以外的宇宙空间、即使天体本身及一切有实物粒子的地方，原子内部原子核和电子以外的空间都是真空地带。据量子场论的理论计算：整个宇宙的真空能量密度为 $\rho_{vac} = 1.2 \times 10^{74}$ 吉电子伏^4，vac 是英文 vacuum（意思为"真空"）的缩写，吉电子伏即 10 亿电子伏，是量子场论中唯一的国际单位制单位 [量子场论一般不使用常规的国际单位制而选用自然单位制（NU）]。真空能量的物理特征是拥有引力。

下图所示为真空能量的引力（蓝色箭头）与宇宙常数的斥力（黄色箭头）抗衡的结果，可见斥力略占上风，导致宇宙加速膨胀，

$$\Lambda + \rho_{vac} = \rho_{eff}$$

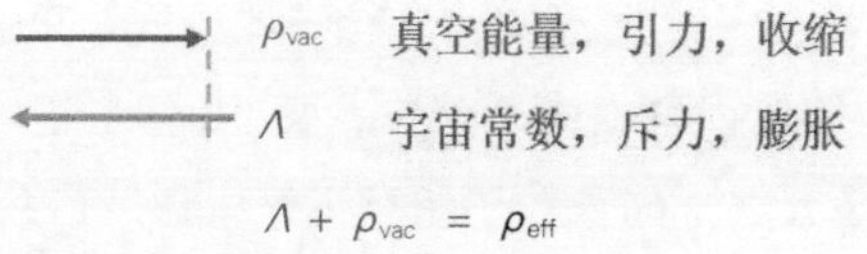

$\longrightarrow$ ⫶ ρ_{vac} 真空能量，引力，收缩

$\longleftarrow$ ⫶ Λ 宇宙常数，斥力，膨胀

$\Lambda + \rho_{vac} = \rho_{eff}$

真空能量的引力与宇宙常数的斥力相抗衡

在自然单位制中，$\rho_{eff} = 1.2 \times 10^{-47}$ 吉电子伏^4，于是有：

$$-\Lambda = \rho_{vac} - \rho_{eff} = 1.2 \times (10^{74} - 10^{-47}) \text{ 吉电子伏}^4$$

负号表示宇宙常数和真空能量作用方向相反。

注意括号中的

$$(10^{74}-10^{-47}) = \overbrace{10000\ldots0000}^{74个0}-\overbrace{0.0000\ldots00001}^{46个0}$$

一个很大的数 10^{74} 减去一个很小的数 10^{-47}，减过之后与未减时，其间的差别仅在 74+46=120 位数字之后出现。

宏观宇宙表现出来的宇宙常数能量密度 Λ，与微观世界里的真空能量密度 ρ_{vac} 之间的相差量，就是维持宇宙加速膨胀所需的能量 $\rho_{eff}=1.2\times10^{-47}$ 吉电子伏 ^{4}，这一相差量与总量的比为

$$\frac{\rho_{eff}}{\rho_{vac}}=\frac{1.2\times10^{-47}}{1.2\times10^{74}}=10^{-121}$$

相差量只占总量的 10^{-121}，ρ_{vac} 与 Λ 之间，仅在 120 位数字之后才表现出微小但精确的差别。就是这一点点微小的差别，使宇宙加速膨胀维持在 10^{-47} 吉电子伏 ^{4} 量级。

在大自然的天平上，一端是宇宙常数，另一端是真空能量，两端并没有完全平衡，还差总量的 10^{-121}。好比已经站上天平的 10^{112} 头每头重 10 吨的大象，还需要再加上一只体重 10 毫克的蚂蚁，才能保持那神秘而美妙的平衡——这就是当代物理学家和天文学家为我们描述的宇宙。如果说 10^{112} 头大象代表大自然的"对称"，那么这只蚂蚁就代表看似微不足道，却绝对不可或缺的"破缺"。

在人文领域的美学理论里面也存在着一个公式：对称性 + 破缺 = 美。美学是人类思维里属于上层建筑的东西，看客观对象美不美，本是人的一种主观意识，竟也和大自然的基本规律是相通的。人类的绘画、雕塑、建筑等艺术作品里，对称是美的基本元素。然而，在对称的前提下，也往往会有一些微小的破缺，因为绝对的对称往往给人以呆板和僵硬的感觉。如达·芬奇的名画《蒙娜丽莎》，如果用现代计算机技术处理成两边完全对称之后，神秘的微笑之美就完全消失了。

人类的出现不过几百万年的历史，早在人类出现前 100 多亿年，宇宙创生的极早期，"对称性 + 破缺 = 美"这条人文科学美学中的原则就被大自然充分体现出来了。神秘而和谐的大自然自身的美，与人类心灵深处的美是相通的。中国的庄子在《知北游》中说："天地有大美而不言，四时有明法而不议，万

《蒙娜丽莎》神秘的微笑

物有成理而不说。"古希腊有箴言"简单是真的标志，美是真理的光辉"。法国大数学家庞加莱说："大自然的简单和深邃都是美。对极遥远的星系、极纤细的生物结构、早已逝去的地质遗痕的研究，都会给科学家带来欢乐。正是为了理性本身，科学家才献身于漫长而艰苦的研究之中。"爱因斯坦也说过："对神秘而和谐的宇宙的探索，是人类最大的愿望。"爱因斯坦是相对论的创始人，也是最早发表量子力学理论的人之一。下图是关于他的一幅漫画，他一手托起了日月星辰，一手托起了微观世界。

爱因斯坦漫画像

在结束本章，也是结束全书的时候，让我们引用一句爱因斯坦的名言，那就是：

"宇宙中最不可理解的事，是宇宙是可以理解的。"

The most incomprehensible thing about the Universe is that it is comprehensible.

——Albert Einstein

后　记

本书自 2021 年 4 月由人民邮电出版社提出动议以来，历时两年零五个月，终致成书，奉献于读者面前。"初生之犊，其形也丑"，初次拿到新书，即逐章逐页审视，果然发现不少错漏之处，包括文字、数据和图片，希望有重印机会的时候一一纠正。本次修订还增加了 4.4 一小节：太阳系的疆界。增加了"关于星云、星团、星系的名称编号""什么是脉冲星""北斗与斗宿"三处"天文知识小卡片"。

从网上看到许多素昧平生的读者给予本书评价，实在是对我们编著、出版者莫大的鼓励与鞭策。仅摘其中一小部分展示如下：

"内容丰富，是非常专业可靠的天文科普书。"（河南·白菜）

"以独特视角描绘出的宇宙璀璨画卷。"（重庆·游学者老杨）

"文笔诙谐，图片精美，深入浅出地为我们介绍了许多宇宙的奥秘。"（广东·浮翱）

"各种引用和科普交织，诗情画意，好有文采。看了这本书，我真的大受震撼和鼓舞。宇宙浩瀚，未来可期。"（云南·拉拉修娅）

"将宇宙天体的璀璨和神秘，用蕴含哲理的科学语言传递给读者。与孩子和家人一起阅读，漫步星空，憧憬未来。"（河北·安安的春天）

"书中可以读到许多最新、最前沿的天文知识，而又避开了高深数理方面的困难。"（湖北·微尘）

"问苍茫宇宙，谁主沉浮？读完这本书，或许能找到答案。抚平内心的浮躁，积极地

面对人生。"（北京·豆沙奶卷）

"严谨凝重，又不失风趣简洁，让人感受到经典的气息。星海是我的目标，求知是我的动力。我想寻找那颗属于我的星，拥我入梦，暖我凄凉。"（北京·春雨）

……

谨向以上各位及更多给予好评的读者，致以深深的谢意。还要感谢为本书作序的齐锐和责编赵轩、责任印制陈犇等诸位先生。特别要感谢为本书封面和封底提供画作的画家张俊莉女士。她是一位残疾人，8 岁起就全身瘫痪，凭坚强的毅力学画、作画，30 余年坚持不懈。她为本书提供的画作与大望远镜拍摄的星空照片相比，几可乱真，而又多了几分艺术美感和人文气息。她的事迹，令人感动。

祝愿每一位关注星空的读者朋友，身处于大美的天地之间，志存高远，胸怀宇宙，善待人生。

感谢南京大学天文与空间科学学院方成院士对本书的评价："真是很不错，内容丰富，图片精彩，还吸收了最新的一些成果。"同时接受方成院士的建议，加大了正文的字体，以利于青少年的视力健康。

八十五叟　苏宜 于天津南开园

2023 年 10 月 11 日